屯溪三江省级湿地公园浮游植物多样性及水质评价

Phytoplankton Diversity and Water Quality Assessment in Tunxi Sanjiang Provincial Wetland Park

主　编　李　伟　马增岭　杨雨玲

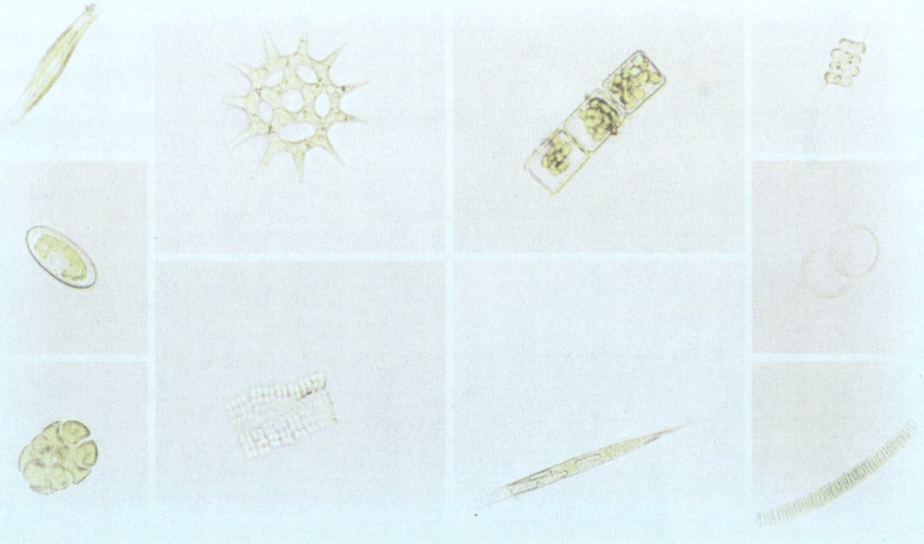

合肥工业大学出版社

图书在版编目(CIP)数据

屯溪三江省级湿地公园浮游植物多样性及水质评价/李伟,马增岭,杨雨玲主编．—合肥:合肥工业大学出版社,2022.9

ISBN 978-7-5650-6069-4

Ⅰ.①屯…　Ⅱ.①李…　②马…　③杨…　Ⅲ.①沼泽化地—国家公园—浮游植物—生物多样性—研究—屯溪区②沼泽化地—国家公园—水质分析—屯溪区　Ⅳ.①P942.544.78②Q16③X832

中国版本图书馆 CIP 数据核字(2022)第 175752 号

屯溪三江省级湿地公园浮游植物多样性及水质评价

李　伟　马增岭　杨雨玲　主编

责任编辑	张择瑞　郭　敬
出版发行	合肥工业大学出版社
地　　址	(230009)合肥市屯溪路 193 号
网　　址	press.hfut.edu.cn
电　　话	理工图书出版中心:0551-62903204 营销与储运管理中心:0551-62903198
开　　本	710 毫米×1010 毫米　1/16
印　　张	10.75
字　　数	201 千字
版　　次	2022 年 9 月第 1 版
印　　次	2022 年 9 月第 1 次印刷
印　　刷	安徽联众印刷有限公司
书　　号	ISBN 978-7-5650-6069-4
定　　价	80.00 元

如果有影响阅读的印装质量问题,请与出版社营销与储运管理中心联系调换。

编委会

主　编　李　伟　马增岭　杨雨玲

参　编　（按姓氏拼音排序）

蔡　飞　陈　杰　陈静雯　丁雪影

李佳梦　钱立刚　王心怡　夏　莉

周　璇　朱文静

审　定　方建新　董丽丽　吕顺清

前　言

淡水生态系统包括河流、池塘及湖泊生态系统，虽仅占地球储水总量的 2.53%，但因其在人类生产、生活及其他生态系统服务上的重要作用，使得淡水生态相关的科学问题一直是水生态学领域的研究重点。浮游植物是内陆水体初级生产力的关键组分，又是响应水环境变化、反映水质状况的直观主体。在人类活动及气候变化影响下，淡水水体浮游植物本底信息、关键环境因子如何调节浮游植物的群落结构与多样性，是水域生态学领域需要重点关注的问题。

新安江流域为我国首个跨省生态补偿试点区，已向新安江-千岛湖生态补偿机制试验区转变，并被纳入《长江三角洲区域一体化发展规划纲要》，在国家政策与环境保护层面均具有重要生态意义与示范作用。新安江流域湿地众多，其中屯溪三江省级湿地公园于 2018 年被列为省级湿地公园，规划总面积 386.66 公顷，其中湿地面积占 91.4%(353.4 公顷)，河流总长度 15.96 千米。该湿地公园河流流经屯溪主城区，辖横江、率水两大重要支流末段及其汇合处(新安江起点)，具有重要社会、经济、生态示范及科普价值。

鉴于淡水浮游植物在初级生产过程中的重要性和对水域生态环境质量反馈的指示性作用，本书相关研究人员于 2020 年 10 月至 2021 年

10月，针对湿地公园起点、中段和末端开展了每月2次、为期1年的水体理化环境、浮游藻类监测，形成了针对该湿地公园的浮游植物鉴定图集。本书分上、下两部分，上篇着重介绍湿地公园浮游植物群落结构特征以及基于水化学、水体浮游植物的湿地公园水质健康状况评价，并分析了调控浮游植物群落结构变动的环境因子；下篇选取了调查期间光学显微镜下拍摄到的清晰藻类图片245张（包含7门73属115种），构建了湿地公园浮游植物图集。其中，上篇包括第一至六章，第一章绪论，介绍了屯溪三江省级湿地公园水环境现状以及浮游植物监测与水质评价目的、意义（李伟，杨雨玲）；第二章介绍了主要研究方法与手段（李伟，杨雨玲）；第三章介绍了湿地公园水体理化因子时空变化及其水质评价（李伟，马增岭）；第四章介绍了湿地公园浮游植物群落结构特征及其水质评价（李伟，杨雨玲）；第五章介绍了湿地公园浮游植物群落结构与理化因子相关性分析（李伟，马增岭）；第六章结合湿地公园水体化学、藻类生物学研究结果，分析了湿地公园水质综合评价及管理、保护对策（李伟，马增岭）。下篇包括第七至十三章，分别介绍了调查期间拍取的蓝藻门、金藻门、硅藻门、隐藻门、甲藻门、裸藻门、绿藻门种类及相关图谱（杨雨玲，李伟，马增岭，朱文静，陈静雯，周璇，李佳梦，丁雪影，蔡飞，陈杰，夏莉，王心怡，钱立刚）。全书由李伟完成统稿、校对。为便于读者了解流域藻类鉴别特征，遵循我国藻类分类系统，相关属、种分类特征的描述摘录自《中国淡水藻志》相关卷或《中国淡水藻类——系统、分类及生态》等参考资料，在参考文献列表予以引用，特此感谢。

本研究内容是在国家自然科学青年基金（31600317）、安徽省重点研究与开发计划项目（202004i07020004）、安徽省高校自然科学研究重点项目（KJ2021A1038）、安徽省教育厅高校优秀青年人才支持计划一般项目（gxyq2021212）、校级科研平台——黄山学院新安江流域生态环境保护研究中心（kypt202102）、屯溪三江省级湿地公园物种多样性监测（hxkt2020092）项目以及黄山学院学术著作出版基金的支持下完成的。黄山学院新安江流域浮游生物生理生态实验室成员（详见编委会人员名录）参与了野外调查、数据处理与分析、显微图片拍摄与整理工作。感谢屯溪区林业局高级工程师章鹏在野外调查、书稿编写过程中给予的帮助；感谢温州大学王敏博士在本书校订过程中给予的建议；合肥工业大学出版社张择瑞编辑在出版过程中给予了大力帮助，在此一并表示衷心感谢。

本书的完成是全体团队成员共同努力的成果。因作者水平有限，写作中难免出现疏漏和不足之处，敬请各位读者不吝赐教。

李　伟

2022年07月19日

目　录

上篇　屯溪三江省级湿地公园浮游植物群落结构及水质评价

下篇　屯溪三江省级湿地公园浮游植物图谱

上篇

屯溪三江省级湿地公园
浮游植物群落结构及水质评价

第一章 绪 论

一、浮游植物及其生态学意义

1. 浮游植物的基本概念及分类

藻类(algae),包括真核和原核两种类型,在水体、空气、土壤、冰雪、荒漠等各类环境中均有分布。根据 Guiry(2012)的研究,保守估计全球约有 72500 种藻类,其中有约 44000 种为已发表命名(https://www.algaebase.org/content/),据估计我国淡水藻类约有 9000 种。浮游植物(phytoplankton)作为藻类的一类,主要为在水中营浮游生活的微小植物体,种类繁多、分布广泛,无根、茎、叶分化,通常都具有叶绿素,能进行光合作用固定 CO_2、合成有机物并释放 O_2。

依据色素体结构与组成、储藏物质类型、鞭毛数量与结构、细胞形态(单细胞、群体)以及繁殖方式等的不同,以内共生起源理论为依据,国内外藻类学研究者将藻类分成不同门类。例如 Van Den Hoek C.(1995)将藻类分成 11 门,Graham L. E.(2000)则将藻类分为 9 门,Lee R. E. 在其著作 *Phycology* 中将藻类分为 11 门。我国学者结合国内、外藻类学研究的成果,也形成了针对我国藻类分类研究的系统。例如,中国藻类学会 1978 年举行的藻类系统演化及分类系统学术讨论会中提出了将藻类分为 11 门(包括蓝藻门、红藻门、隐藻门、甲藻门、金藻门、黄藻门、硅藻门、褐藻门、裸藻门、绿藻门、轮藻门)的系统,而在后续陆续出版的《中国淡水藻志》中也沿用了这一系统(曾呈奎分类系统),但增加了原绿藻门(共 12 门);在胡鸿钧和魏印心编著的《中国淡水藻类——系统、分类及生态》中,将收录的我国 1500 余种常见藻类分为 13 个门类,与藻类系统演化及分类系统学术讨论会上提出的 11 门系统略有不同的是,该书将轮藻门并入绿藻门作为其中一纲(轮藻纲),加入了原绿藻门、灰色藻门和定鞭藻门。

淡水藻类的群落结构组成与丰度受环境因子的影响，存在显著的时空差异性。其中，绿藻门、蓝藻门、硅藻门、裸藻门、甲藻门等是我国重要流域（长江流域、太湖、巢湖、滇池等）水体中的主要门类，也是新安江流域常见门类。

2. 浮游植物的生态学意义

浮游植物作为水域生态系统初级生产力的主要贡献者，是经典食物链的基础，受环境因子的调控，其群落结构和丰度的变动，直接影响水体水质、系统内能量流、物质流和生物资源变动。近年来，水体富营养化引起的浮游植物大量暴发，以及由此引起的一系列生态环境问题，逐渐引起各国学者以及政府部门的高度关注。除水体物理环境变动外（例如风速、扰动等），陆源输入的污染物以及营养盐的持续积累是导致水体浮游植物丰度/生物量升高、多样性降低的重要诱因。

水体浮游植物群落结构以及丰度的演替规律是水质变化最为直观的反映。多数浮游植物可作为水质变化的指示种（污染指示种），表征水质状况及污染程度，是水体营养型的重要指标。通过对水体浮游植物群落结构及丰度进行长期、连续、定点监测，获取其种类与数量的变化特征，结合水体关键理化因子的测定，可综合反映水体水质健康状况及其变动规律与影响因素。

二、屯溪三江省级湿地公园水环境现状

1. 屯溪三江省级湿地公园建立背景及自然、人文状况

2018 年 12 月 26 日，经安徽省林业局批复，屯溪三江省级湿地公园获批为省级湿地公园。湿地公园地处黄山市屯溪区中部，位于新安江上游区段，其辖范围包含屯溪境内横江、率水支流以及二者于屯溪老大桥（镇海桥）处汇合后的新安江区段（“三江”），“屯溪三江省级湿地公园”名称由此得来。屯溪三江省级湿地公园规划范围西起新潭镇梅林村，东至屯光镇浯村，南至率水桥，主要由河流、滩地（季节性淹没）、林地等组成，地理位置介于东经 118°11′15″～118°24′01″和北纬 29°39′34″～29°47′22″之间。湿地公园河流总长度 15.96 千米，规划总面积 386.66 公顷。其中保育区面积 79.17 公顷，占比 20.48%；恢复重建区面积 39.53 公顷，占比 10.22%；合理利用区面积 267.96 公顷，占比 69.30%。

屯溪三江省级湿地公园所在的屯溪区，位于白际-天目山山脉与黄山山脉之间的休屯盆地，为亚热带季风气候区，四季分明，雨热充沛。湿地公园所处的皖南山区位于古北界和东洋界的过渡带上，具有良好的生态环境，动植物资源异常丰富，

是生物多样性研究的热点区域。作为全国首个跨省流域生态补偿试点区——新安江流域上游的重要区段，屯溪三江省级湿地公园虽横跨人口密集区域，但湿地公园生态环境监测与保护工作卓有成效。湿地公园范围内自然风景秀丽、环境怡人，与周边诸多人文历史景观（黎阳老街、屯溪老街、花山谜窟、戴震公园等）相得益彰，发挥着较高的社会、经济与生态示范作用，并具有较高的科普价值。作为新安江流域上游重要子流域横江、率水水体的结合部，该区段水体健康状况将直接对下游水生态环境质量产生重要影响。

2. 我国湿地公园保护现状及屯溪三江省级湿地公园水环境现状

湿地是指天然或人工、常年或季节性蓄有静止或流动的淡水、半咸水或咸水的沼泽地、泥炭地或水域。我国湿地资源丰富，湿地面积位居世界前列。高的湿地生物多样性水平，在涵养水源、净化水质、蓄洪抗旱、调节气候、美化环境、生物多样性保护、维护区域生态平衡以及生态环境保护的科学普及等方面发挥着不可替代作用。

根据《2019 年中国国土绿化状况公报》，当前我国湿地公园总数已达到 899 处，全国湿地总面积稳定在 0.53 亿公顷，湿地保护率已达 52.19%。安徽省是全国湿地资源较丰富的省份之一，湿地总面积约 104.18 万公顷，占全省面积的 7.47%，位居全国第 14 位。安徽省当前共有湿地公园 59 个，其中国家级湿地公园 29 个，安徽休宁横江国家湿地公园是新安江流域唯一的国家级湿地公园；省级湿地公园 22 处，其中屯溪三江省级湿地公园是唯一的省级湿地公园。新安江流域被列入国家级或省、市级湿地公园规划的湿地数量还较少，然而流域范围内实际的湿地面积远高于此。因此，列入国家级、省市级保护的湿地公园均具有较高的社会、经济与生态示范意义和科学普及价值。

对湿地水生态环境进行监测与保护，是开展山水林田湖草系统治理的落脚点，也是深入贯彻落实习近平生态文明思想的具体表现。近年来，我省颁布了一系列有关湿地保护的重要文件（包括《安徽省湿地保护条例》《安徽省湿地保护修复制度实施方案》及《安徽省湿地名录管理办法》等）。此外，全省各级林业部门在林长制改革、健全湿地保护体制机制、构建湿地保护网络体系、实施湿地保护修复工程、提升湿地修复科技水平、加强科普宣传教育等方面采取了一系列举措，全省湿地保护修复工作取得显著成效。

黄山市是生态大市，贯彻落实“绿水青山就是金山银山”的绿色发展观，把生态保护放在第一位是行政管理部门开展各项工作的基础。2021 年，黄山市政府提出全力将黄山市打造为“生态型、国际化、世界级”旅游目的地城市，而黄山市文化、旅游离不开自然生态的核心支撑。新安江流域是我国首个跨省流域生态补偿试点区，已启动了三轮试点，流域水生态环境保护稳步提升。从黄山市出台的各项规章制度以及"十四五"规划的内容可以看出，对新安江水生态环境的保护将会随新安江流域生态补偿试点区向新安江-千岛湖生态补偿示范区转变（已被纳入《长三角区域一体化发展规划纲要》）而进一步加强。

新安江流域湿地众多，湿地生态保护与管理、生物多样性的调查与监测是流域水生态保护的重要内容之一。浮游藻类是水体初级生产的重要组成部分，同时也是湿地水域的重要生物类群。水体理化因子的直接或间接、长期或短期、局部或全局的变化，都将对浮游植物群落结构产生调节效应。近年来，在全球变化这一背景下，水体浮游植物大量、频繁暴发，由此引起的一系列的环境问题逐渐引起各国学者以及政府部门的高度关注。水生浮游植物群落结构变动是水质变化的直观反映，水质变动的规律及其影响因素、水质健康水平的判断等可通过浮游植物种类及数量的变化进行评价，但需要体现研究的时间（长期、连续）与空间（水体水平、垂直剖面）尺度。

然而，通过对以往新安江流域水生态环境监测与保护相关的研究进行梳理，流域水生生物多样性的基础本底资料较少，尤其是对水环境以及水体景观影响较大的浮游藻类群落组成及动态演替规律缺乏足够的了解，将水化学与水生藻类群落的动态变化作为水质污染风险监控与评价尚未有系统研究开展。在当前我国生态文明建设以及新安江生态补偿机制的建立这一背景下，水环境保护、水污染防治已成为国家生态安全战略。国家级以及省级湿地公园是新安江流域水生态保护的标杆，重要水环境因子如何变化以及这些环境因子对黄山市湿地公园水质状况、水体景观、湿地生态系统功能的影响如何尚不清楚。因此，针对流域重要湿地公园开展水环境与水体浮游植物的数量及种类变动与环境间的关系的研究意义重大、亟需开展。

3. 屯溪三江省级湿地公园浮游植物监测与水质评价目的、意义

当前，淡水生态环境的监测及评价主要依赖于快速的理化指标测定，但这些技术手段存在一定的局限性（例如，监测频率、站点、时段等均会影响总体评价结果），因此不足以反映淡水生态环境的综合状况。浮游植物作为淡水生态系统的初级生产者，生活周期短，对环境反应敏感，不同水体具有不同的群落结构，其群落的性质和数量会随着水环境变化而改变。因此，浮游植物常被用作水质监测和评价的重要参数。浮游植物群落结构变动是水质变化的直观反映，水质变动的规律及其影响因素、水质健康水平的判断等可通过浮游植物种类及数量的变化进行评价。作为以旅游休闲、水源涵养、物种多样性保护等为主要功能的湿地公园，水质健康状况的变化将会直接影响水体景观、生态功能以及人们的生活质量。因此，结合水体理化参数，通过开展长期性和规律性藻类组成、丰度以及水质监测及预警工作显得尤为重要。

第二章　主要研究方法与手段

一、采样点设置

屯溪三江省级湿地公园面积广阔，覆盖屯溪区境内的新安江干流及重要支流横江、率水。正式开展调查前，于 2020 年 09 月 25 日通过实地踏查，结合三江湿地公园水域特征，选择有代表性的区域进行了采样站点设置，即湿地公园起点（站点 1）：梅林湿地公园（梅林），位置：118.2564°E，29.7435°N；湿地公园中段（站点 2）：广宇桥（广宇），位置：118.3193°E，29.7052°N；湿地公园末端（站点 3）：翻板坝前段（翻板坝），位置：118.3559°E，29.7432°N（图 2－1），以达到基本覆盖屯溪三江省级

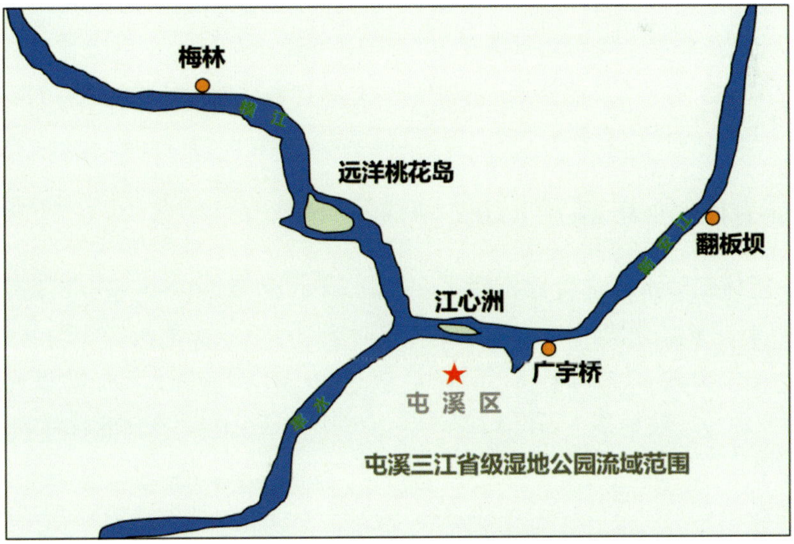

图 2－1　屯溪三江省级湿地公园采样点设置示意图（橙色圆形图标标注）

湿地公园各个水域的目标。正式监测前，对藻类样品采集及分类鉴定等相关的设备、实验仪器及相关耗材进行了充分的调试和准备。监测工作于 2020 年 10 月 15 日开始实施，共计开展 23 次监测(除 2 月初因疫情防控原因未能开展野外采样外，基本实现平均每月 2 次调查监测活动)。

二、理化参数测定

现场使用便携式多参数水质监测仪(Pro1020，YSI，美国)测定水体温度、氧化还原电位(ORP)、溶解氧(DO)及 pH。采集水样于实验室使用多参数水质测定仪(5B－6C，连华科技，中国)测定水样中的氨氮(NH_3－N)、总磷(TP)以及浊度(Turbidity)。监测区域范围内的光合有效辐射(PAR)、紫外线 A(UVA)和紫外线 B(UVB)使用光合有效辐射测定仪(ML－020P，EKO，日本)以及紫外辐射传感器(MS－212A、MS－212W，EKO，日本)进行测定。

三、浮游植物样品采集及鉴定

浮游藻类采集参照《淡水浮游生物调查技术规范》，在各采样点表层水体(0.5 m 内)使用采水器(1 L)定量采集水样。水样采集后加入 5.0%甲醛固定后带回实验室。水样经定容、沉降、浓缩后，使用浮游生物计数框(0.1 mL)在正置显微镜(CX31RTSF，OLYMPUS，日本)下镜检、计数，每个样品至少计数 2 次，取其平均值用于计算、分析。参考《中国淡水藻类——系统、分类及生态》《中国淡水藻志》《中国流域常见水生生物图集》《藻类学》《中国西藏硅藻》《水华蓝藻生物学》《福建省大中型水库常见淡水藻类图集》等工具书，并结合多功能生物检测仪(万深 MIA－F 型，杭州万深检测科技有限公司，中国)进行藻类鉴定。

四、浮游植物色素测定方法

将一定体积的水样进行低压抽滤(<0.1 kPa)至 Whatman GF/F 玻璃纤维滤膜(0.22 μm)，室温下使用无水甲醇避光萃取 24 h，5000 g 下离心 10 min，取上清液于紫外可见分光光度计(TU－1901，普析，中国)下进行全波段吸光值测定(250～750 nm)。叶绿素 a(Chl a)的计算方法参考 Porra(2002)进行计算，具体计算公式如下：

叶绿素 a(Chl a)浓度(μg/mL)：

$$\text{Chl a}=16.29\times(A_{665}-A_{750})-8.54\times(A_{652}-A_{750})$$

五、基于水化学指标的水质状况评价

参考《地表水环境质量标准》(GB 3838—2002)对测定的水化学参数(溶解氧、氨氮、总磷)进行单因子评价(Ⅰ、Ⅱ、Ⅲ、Ⅳ及Ⅴ类)(取水质类别最高者作为该点位的水质类别)。结合各采样点测定的氨氮、总磷、pH以及溶解氧值,以对应参数的Ⅲ类水标准为基础,参考《环境影响评价技术导则 地表水环境》(HJ 2.3—2018)中综合污染指数(Comprehensive pollution index, *CPI*)的计算方法对各采样点 *CPI* 值计算并进行水质评价(表2-1)。

表2-1　综合污染指数 *CPI* 的水质评价标准

评价等级	优	良	中	差	很差
水质类别	Ⅰ类	Ⅱ类	Ⅲ类	Ⅳ类	Ⅴ类
CPI	(0,0.17]	(0.17,0.49]	(0.49,1.00]	(1.00,2.14]	(2.14,5.69]

综合污染指数(*CPI*)计算方法如下:

$$CPI = \frac{1}{n}\sum_{i=n}^{n} CPI_i$$

式中,*CPI* 为 Comprehensive pollution index,综合污染指数;CPI_i 为第 i 项指标的污染分指数(本研究中包括氨氮、总磷、pH值、溶解氧)。

$CPI_{氨氮}$ 的计算方法为

$$CPI_{氨氮} = \frac{C_{氨氮}}{S_{氨氮}}$$

式中,$C_{氨氮}$ 为该监测点位氨氮实测值;$S_{氨氮}$ 为地表水水质标准中Ⅲ类水质对应的氨氮标准限制。

$CPI_{总磷}$ 的计算方法为

$$CPI_{总磷} = \frac{C_{总磷}}{S_{总磷}}$$

式中,$C_{总磷}$ 为该监测点位总磷实测值;$S_{总磷}$ 为地表水水质标准中Ⅲ类水质对应的总磷标准限制。

CPI_{pH} 的计算需结合实测 pH(C_{pH}),当实测值>7.0时,计算方法为

$$CPI_{pH}=\frac{C_{pH}-7.0}{9.0-7.0}$$

当实测值≤7.0时，计算方法为

$$CPI_{pH}=\frac{7.0-C_{pH}}{7.0-6.0}$$

CPI_{DO}的计算方法同样需结合实测值C_{DO}与Ⅲ类水对应的DO标准限制（S_{DO}）进行计算，当$C_{DO}>S_{DO}$时，计算方法为

$$CPI_{DO}=\frac{|C_{max}-C_{DO}|}{C_{max}-S_{DO}}$$

当实测DO≤S_{DO}时，计算方法为

$$CPI_{DO}=10-9\frac{C_{DO}}{S_{DO}}$$

C_{max}为实测水体温度（T）下对应的饱和溶解氧浓度（mg/L），C_{max}的计算方法为

$$C_{max}=\frac{468}{31.6+T}$$

六、浮游植物生物学参数计算

参考Shannon等（1963）的方法计算香农-威纳（Shannon - Wiener）多样性指数（H）：

$$H=-\sum\frac{N_i}{N}\times\ln\left(\frac{N_i}{N}\right)$$

参考Simpson（1949）的方法计算辛普森（Simpson）多样性指数（D）：

$$D=1-\sum\left(\frac{N_i}{N}\right)^2$$

式中，N为总的个体数量，N_i为第i种个体数量。

参考Pielou（1966）的方法计算Pielou均匀度指数（J）：

$$J=\frac{H}{\ln S}$$

式中，H 为香农-威纳多样性指数；S 为样品中总种类数。

参考 Margalef(1957)计算公式计算 Margalef 丰富度指数(K)：

$$K=\frac{(S-1)}{\ln N}$$

式中，S 为样品中总种类数；N 为样品中浮游植物总个体数。

多样性阈值(D_v)的计算公式为

$$D_v=\frac{H}{J}$$

式中，H 为 Shannon - Wiener 多样性指数；J 为 Pielou 均匀度指数。

优势度(Y)的计算公式为

$$Y=\frac{n_i}{N}\times f_i$$

式中，n_i 为第 i 种个体数；N 为样品中总个体数；f_i 为第 i 种在各采样点的出现频率。以 $Y>0.02$ 定为优势种。

七、基于浮游植物生物学信息的水质状况评价方法

通过叶绿素浓度评价水质，参考美国河口营养状况评价标准 NEEA - ASSTES(表 2 - 2)；通过 Margalef 指数(表 2 - 3)、Shannon - Wiener 多样性指数(表 2 - 4)、Pielou 多样性指数(表 2 - 5)、多样性阈值(D_v)(表 2 - 6)评价水质标准，参考《流域水生态环境质量监测与评价技术指南》进行。

表 2 - 2　叶绿素 a(Chl a)评价水质标准(引自《流域水生态环境质量监测与评价技术指南》)

Chl a 评价标准				
Chl a(μg/L)	<5	5～20	20～60	>60
富营养化程度	低	中	高	过度

表 2 - 3　Margalef 指数评价水质标准(引自《流域水生态环境质量监测与评价技术指南》)

Margalef 指数评价标准			
R	0～1	1～3	>3
污染状况	重污染	中污染	轻或无污染

表 2-4 Shannon-Wiener 多样性指数评价水质标准
（引自《流域水生态环境质量监测与评价技术指南》）

Shannon-Wiener 多样性指数评价标准				
H	0～1	1～2	2～3	>3
污染状况	重污染	中污染	轻污染	清洁

表 2-5 Pielou 多样性指数评价水质标准（引自《流域水生态环境质量监测与评价技术指南》）

Pielou 多样性指数评价标准				
J	0～0.3	0.3～0.5	0.5～0.8	0.8～1.0
污染状况	重污染	中污染	轻污染	无污染

表 2-6 多样性阈值评价水质标准（引自《流域水生态环境质量监测与评价技术指南》）

多样性阈值评价标准					
级别	Ⅴ	Ⅳ	Ⅲ	Ⅱ	Ⅰ
D_v	<0.6	0.6～1.5	1.5～2.5	2.5～3.5	>3.5
评价标准	多样性差	一般	较好	丰富	非常丰富

参考罗迪安翻译的由 B. 福迪等编著的《藻类学》中的方法，对调查期间定量样品中浮游植物中的污染指示种类进行统计和水质污染等级划分，分为重污水生物带、甲型中污水生物带、乙型中污水生物带、微污水生物带以及清水生物带五个等级。因部分种类可同时出现在不同生物带内，故而在统计时将既是重污水也是甲型中污水指示种、既是甲型也是乙型中污水指示种、既是乙型中污水也是微污水指示种以及既是微污水也是清水指示种也予以归类统计。在进行水质等级划分时，仍按上述五类水质等级统计比例，将同时可在两类水质中出现的指示种按照污染程度更高等级予以计算该类占比（例如，既是重污水也是甲型中污水的指示种计入重污水生物带）。

八、水生态环境质量综合评价

参考《流域水生态环境质量监测与评价技术指南》关于水生态环境质量综合评价指数构建方法，结合本调查的实际情况，本研究以水化学、水生浮游藻类（因尚未进行着生藻类的调查，故而本研究选取浮游藻类 Shannon - Wiener 多样性指数作为水生生物指标予以赋分计算）以及生境指标，对三江省级湿地公园河流水生态环境质量进行综合评价，获得综合评价指数（Water Eco - Environmental Quality Index, $WEQI_{river}$）。水化学评价水质、多标性指数评价水质及河流栖息地生境指标的赋分标准见表 2 - 7、表 2 - 8、表 2 - 9，水生态环境综合评价各指标分值范围及权重见表 2 - 10。依据计算得到的 $WEQI_{river}$，对水生态环境质量状况进行分级评价（表 2 - 11）。

表 2 - 7　水化学评价水质赋分标准（引自《流域水生态环境质量监测与评价技术指南》）

水质类别	劣Ⅴ类	Ⅴ类	Ⅳ类	Ⅲ类	Ⅰ～Ⅱ类
赋分	1	2	3	4	5
评价等级	很差	较差	中等	良好	优秀

表 2 - 8　Shannon - Wiener 多样性指数评价水质赋分标准
（引自《流域水生态环境质量监测与评价技术指南》）

Shannon - Wiener 指数（H）	0	$0<H<1$	$1\leqslant H<2$	$2\leqslant H<3$	$\geqslant 3$
赋分	1	2	3	4	5
评价等级	很差	较差	中等	良好	优秀

表 2 - 9　河流栖息地生境质量分级评价标准
（引自《流域水生态环境质量监测与评价技术指南》）

生境总分（H）	$\leqslant 60$	$60<H\leqslant 90$	$90<H\leqslant 120$	$120<H\leqslant 150$	>150
赋分	1	2	3	4	5
生境等级	很差	较差	中等	良好	优秀

表 2 - 10　水生态环境综合评价各指标分值及权重
（引自《流域水生态环境质量监测与评价技术指南》）

指标	分值范围	权重
水化学	1～5	0.4
浮游植物	1～5	0.4
生境	1～5	0.2

表 2-11 水生态环境质量状况综合评价指数(Water Eco-Environmental Quality Index, $WEQI_{river}$)分级方法及颜色表征(引自《流域水生态环境质量监测与评价技术指南》)

水生态健康状况	优秀	良好	轻度污染	中度污染	重度污染
综合指数($WEQI_{river}$)	$WEQI_{river} \geq 4$	$4 > WEQI_{river} \geq 3$	$3 > WEQI_{river} \geq 2$	$2 > WEQI_{river} \geq 1$	$WEQI_{river} < 1$
表征颜色	深蓝	绿	黄	橙	红

九、浮游植物群落结构与环境因子间关系分析

使用 Canoco 5.0 软件，对环境因子进行主成分分析(PCA)，对浮游植物各门丰度、种数、优势种优势度与环境因子间的关系进行冗余分析(RDA)，获得影响浮游植物群落结构的主要因子，并对全年调查过程中不同季节、不同站点浮游植物丰度、种数、优势种优势度进行排序分析，获得对应排序图。

第三章 水体理化因子时空变化及其水质评价

一、屯溪三江省级湿地公园采样站点生境特征

1. 梅林站点

梅林采样点为屯溪三江省级湿地公园的起点，河道周边主要以人工湿地为主，人为干扰小，湿地周边植被类型丰富，常见湿地挺水植物包括美人蕉、宽叶泽泻、茭白等。采样点附近河道底质以砂石为主，沉水植被茂盛，其中苦草、黑藻、菹草、竹叶眼子菜、金鱼藻等为主要优势类群。调查期间该站点不同季节生境见图 3-1。

2. 广宇桥站点

广宇桥站点位于屯溪城区中心位置，湿地公园以水杉为主要乔木。因下游设置有拦水坝且两岸已进行护堤硬化处理，故该采样站点长期保持高水位(水深＞2.0 m)，底质以泥沙为主，主河道内少见沉水及挺水植被分布。调查期间该站点不同季节生境见图 3-2。

3. 翻板坝站点

翻板坝站点位于坝址前端，河道靠近公路路面。与广宇桥站点类似，该站点水体较梅林站点深，因水面有游船旅游、景观观光功能，故长期保持高水位，水体底质以泥沙为主，采样点附近浅水区域可见少量苦草、菹草、竹叶眼子菜等沉水植被分布。调查期间该站点不同季节生境见图 3-3。

春季

夏季

秋季

冬季

图 3-1 梅林站点春(03—05 月)、夏(06—08 月)、
秋(09—11 月)、冬(12—02 月)采样期间生境状况

春季

夏季

秋季

冬季

图 3-2　广宇桥站点春(03—05 月)、夏(06—08 月)、
秋(09—11 月)、冬(12—02 月)采样期间生境状况

春季

夏季

秋季

冬季

图 3-3　翻板坝站点春(03—05 月)、夏(06—08 月)、
秋(09—11 月)、冬(12—02 月)采样期间生境状况

二、水体主要理化因子以及基于水化学指标的水质状况评价

屯溪三江省级湿地公园关键理化因子（表 3－1）存在季节性变动，不同采样点间也存在显著差异。整体上，调查期间水温介于 6.3～30.6 ℃之间，pH 值介于 6.83～8.55 之间，ORP 介于 103～267 mV 之间，水体浊度介于 0.47～62.62 之间。

表 3－1　屯溪三江省级湿地公园关键理化因子

日期	地点	pH	水温（℃）	环境温度（℃）	DO（mg/L）	ORP（mV）	氨氮（mg/L）	总磷（mg/L）	浊度 NTU	水质类别
2020/10/15	梅林	7.74	21.8	21.6	9.1	203	0.307	0.034	4.19	Ⅱ
	广宇	7.95	22.7	21.6	7.5	206	0.054	0.020	8.84	Ⅰ
	翻板坝	7.95	23.0	20.0	8.4	209	0.070	0.016	6.82	Ⅰ
2020/11/01	梅林	7.47	20.8	20.5	6.3	180	0.821	0.016	2.79	Ⅲ
	广宇	7.67	20.5	19.3	6.7	182	0.918	0.030	5.12	Ⅲ
	翻板坝	8.19	20.7	18.8	8.3	158	0.717	0.022	5.58	Ⅲ
2020/11/15	梅林	7.42	16.9	17.3	7.3	227	0.227	0.004	3.57	Ⅱ
	广宇	7.40	17.5	15.5	8.4	193	0.072	0.012	6.98	Ⅰ
	翻板坝	7.88	18.2	12.8	7.4	119	0.191	0.010	7.91	Ⅱ
2020/12/01	梅林	7.08	6.3	−5.0	11.3	179	0.177	0.065	1.40	Ⅱ
	广宇	7.26	7.5	−5.0	12.7	182	0.110	0.036	4.34	Ⅱ
	翻板坝	7.27	8.0	−5.0	11.8	126	0.201	0.034	3.72	Ⅱ
2020/12/15	梅林	7.62	9.9	8.0	12.0	158	1.223	0.057	0.47	Ⅳ
	广宇	7.48	9.1	5.0	10.3	196	0.335	0.027	7.44	Ⅱ
	翻板坝	7.46	11.0	4.0	8.9	192	0.899	0.066	24.02	Ⅲ
2021/01/01	梅林	7.37	13.2	10.0	8.9	195	0.157	0.032	3.26	Ⅱ
	广宇	7.51	12.1	9.5	8.8	212	0.448	0.018	6.05	Ⅱ
	翻板坝	7.50	12.1	11.0	8.9	154	0.568	0.039	7.91	Ⅲ
2021/01/15	梅林	7.33	7.6	7.0	11.0	212	0.167	0.018	1.40	Ⅱ
	广宇	7.10	8.5	8.0	10.5	175	0.355	0.027	5.12	Ⅱ
	翻板坝	7.48	6.6	5.0	9.7	119	0.301	0.022	12.09	Ⅱ

（续表）

日期	地点	pH	水温（℃）	环境温度（℃）	DO（mg/L）	ORP（mV）	氨氮（mg/L）	总磷（mg/L）	浊度 NTU	水质类别
2021/02/19	梅林	7.75	13.0	14.0	10.8	230	0.181	0.023	—	Ⅱ
	广宇	8.11	13.6	11.0	9.6	223	0.084	0.006	—	Ⅰ
	翻板坝	8.55	15.0	16.0	10.8	220	0.052	0.010	—	Ⅰ
2021/03/5	梅林	7.73	12.9	11.2	7.6	256	2.217	0.047	3.23	Ⅴ
	广宇	7.85	12.1	11.0	8.6	267	0.588	0.018	4.50	Ⅲ
	翻板坝	7.83	12.6	12.4	8.3	255	0.524	0.023	5.12	Ⅲ
2021/03/14	梅林	7.78	14.2	15.5	8.2	225	0.446	0.078	1.71	Ⅱ
	广宇	7.90	13.7	17.1	7.1	234	0.249	0.037	1.55	Ⅱ
	翻板坝	7.96	14.1	17.1	8.7	219	0.138	0.035	3.57	Ⅱ
2021/04/01	梅林	7.31	17.9	21.2	7.3	201	0.309	0.049	49.13	Ⅱ
	广宇	7.49	16.5	21.9	7.0	242	0.138	0.063	22.78	Ⅱ
	翻板坝	7.58	17.3	20.4	7.3	255	0.048	0.056	36.42	Ⅱ
2021/04/15	梅林	7.34	17.9	19.0	7.0	219	0.112	0.072	3.72	Ⅱ
	广宇	7.10	16.1	14.8	5.1	230	0.154	0.052	8.68	Ⅲ
	翻板坝	7.11	17.2	17.0	6.6	241	0.227	0.023	9.77	Ⅱ
2021/05/01	梅林	8.25	23.3	27.0	6.1	139	0.325	0.045	0.47	Ⅱ
	广宇	8.55	23.1	24.8	5.4	103	0.045	0.031	1.40	Ⅲ
	翻板坝	8.04	22.8	25.0	7.0	106	0.701	0.037	1.55	Ⅲ
2021/05/15	梅林	7.59	25.5	27.0	4.5	175	0.160	0.075	4.34	Ⅳ
	广宇	7.64	23.9	27.0	5.1	195	0.281	0.044	15.50	Ⅲ
	翻板坝	7.75	24.7	27.0	4.1	167	0.205	0.046	17.36	Ⅳ
2021/06/01	梅林	8.15	26.5	29.8	10.7	142	0.110	0.057	4.65	Ⅱ
	广宇	7.68	24.5	30.7	6.5	151	0.191	0.028	6.36	Ⅱ
	翻板坝	7.46	25.5	31.0	7.0	127	0.313	0.037	6.82	Ⅱ
2021/06/15	梅林	7.46	26.0	31.5	8.2	171	0.155	0.090	8.84	Ⅱ
	广宇	7.25	26.0	31.2	6.5	154	0.072	0.050	9.30	Ⅱ
	翻板坝	7.42	24.9	31.6	6.9	159	0.062	0.057	9.77	Ⅱ

（续表）

日期	地点	pH	水温（℃）	环境温度（℃）	DO（mg/L）	ORP（mV）	氨氮（mg/L）	总磷（mg/L）	浊度NTU	水质类别
2021/06/30	梅林	7.33	24.3	26.5	6.8	183	0.279	0.154	23.40	Ⅲ
	广宇	7.20	22.2	25.9	7.2	176	0.154	0.081	28.83	Ⅱ
	翻板坝	7.14	23.0	25.5	7.4	178	0.285	0.089	62.62	Ⅱ
2021/08/15	梅林	7.00	29.5	32.0	7.1	187	0.381	0.058	4.50	Ⅱ
	广宇	7.16	28.8	33.0	6.4	179	0.317	0.033	3.72	Ⅱ
	翻板坝	7.83	30.0	33.2	6.1	165	0.307	0.031	6.82	Ⅱ
2021/08/01	梅林	7.30	28.3	27.8	5.3	187	0.393	0.014	4.65	Ⅲ
	广宇	7.88	29.6	30.5	6.2	160	0.259	0.012	6.98	Ⅱ
	翻板坝	7.58	29.8	32.5	6.1	151	0.329	0.014	4.65	Ⅱ
2021/08/14	梅林	6.93	24.1	25.0	7.0	246	0.430	0.114	59.98	Ⅲ
	广宇	6.83	25.2	25.0	7.6	264	0.313	0.072	32.67	Ⅱ
	翻板坝	6.94	24.8	24.5	7.1	245	0.368	0.134	29.20	Ⅲ
2021/09/6	梅林	7.11	29.7	30.0	4.1	188	0.068	0.012	2.78	Ⅳ
	广宇	7.89	30.4	31.2	7.1	165	0.126	0.012	6.82	Ⅱ
	翻板坝	8.26	30.6	30.0	7.8	146	0.110	0.008	7.13	Ⅰ
2021/09/15	梅林	7.29	27.0	29.9	5.1	193	0.120	0.020	2.33	Ⅲ
	广宇	7.91	27.8	26.0	7.0	179	0.243	0.014	5.27	Ⅱ
	翻板坝	7.96	28.4	29.1	6.8	177	0.122	0.013	4.34	Ⅱ
2021/10/01	梅林	7.01	27.9	22.0	4.4	197	0.504	0.038	5.12	Ⅳ
	广宇	7.09	29.3	25.0	6.5	199	0.407	0.017	7.75	Ⅱ
	翻板坝	8.26	29.4	24.5	7.0	167	0.683	0.021	7.23	Ⅲ

注："一"表示无数据。

参照《地表水环境质量标准》(GB 3838—2002)，对全年调查期间所有站点基于水化学参数的水质类别及占比(表 3－2)进行统计，通过 DO、氨氮及总磷反映的水质多在Ⅲ类以上(占比 91%)(单因子评价法，以水质类别最高者计该样点水质等级)，其中以Ⅰ、Ⅱ类占比较高(达 67%)，仅个别站点、个别时段存在氨氮超过Ⅲ类现象(例如,梅林段 12 月 15 日、3 月 5 日)。

表 3-2 基于水化学参数的水质类别及占比

水质类别	总数	占比(%)
Ⅰ	6	8.70
Ⅱ	40	57.97
Ⅲ	17	24.64
Ⅳ	5	7.25
Ⅴ	1	1.45

对全年各调查时间、站点综合污染指数 *CPI* 值进行计算,结果表明,调查期间水体处于(0,0.17]的 *CPI* 值占比为 7%,处于(0.17,0.49]的 *CPI* 值占比最高达 84%,总体表征流域水质以优、良为主,处于中级别水质占比 9%,未发现差或很差级别水质类型(表 3-3)。

表 3-3 基于水化学参数计算得到 *CPI* 值判断水质类别及占比

评价等级	优	良	中	差	很差
水质类别	Ⅰ类	Ⅱ类	Ⅲ类	Ⅳ类	Ⅴ类
CPI	(0,0.17]	(0.17,0.49]	(0.49,1.00]	(1.00,2.14]	(2.14,5.69]
数量	5	58	6	0	0
占比(%)	7	84	9	0	0

对环境因子进行主成分分析(Principle Component Analysis,PCA),结果表明,前三轴为主成分轴,对环境因子的解释量累计达 70.4%(表 3-4),其中第一主成分轴的因子负荷包括 pH、总磷及浊度,第二主成分轴主要包含水温和 DO 的信息,第三主成分主要包含氨氮的信息(表 3-5)。

表 3-4 环境因子主成分分析解释的总方差

成分	初始特征值			提取载荷平方和		
	总计	方差百分比	累积(%)	总计	方差百分比	累积(%)
1	2.101	30.009	30.009	2.101	30.009	30.009
2	1.823	26.038	56.047	1.823	26.038	56.047
3	1.008	14.398	70.445	1.008	14.398	70.445

（续表）

成分	初始特征值			提取载荷平方和		
	总计	方差百分比	累积(%)	总计	方差百分比	累积(%)
4	0.843	12.037	82.482			
5	0.575	8.21	90.692			
6	0.409	5.84	96.533			
7	0.243	3.467	100			

表 3－5　环境因子的主成分分析成分矩阵结果

类　别	成分		
	1	2	3
pH	−0.731	0.007	0.16
水温	−0.196	−0.903	0.122
DO	0.059	0.858	−0.35
ORP	0.61	0.144	0.389
氨氮	0.047	0.387	0.826
总磷	0.755	−0.15	−0.062
浊度	0.762	−0.281	−0.089

第四章　屯溪三江省级湿地公园浮游植物群落结构特征及其水质评价

一、浮游植物群落种类组成及时空变化

1. 浮游植物群落结构

调查期间，屯溪三江省级湿地公园流域浮游藻类定量样品共鉴定7门144种，其中蓝藻门18种，硅藻门40种，绿藻门72种，甲藻门4种，裸藻门5种，金藻门3种，隐藻门2种。全年监测过程中不同点位、监测时间段监测到蓝藻门2～13种、硅藻门13～27种、绿藻门7～36种、甲藻门0～2种、裸藻门0～4种、金藻门0～3种、隐藻门0～2种；夏季（平均约59种）、秋季（平均约53种）浮游植物种类相较于春季（平均约46种）、冬季（平均约36种）要高（表4-1）。

表4-1　年度各站点监测物种数统计

日期	站点	蓝藻门	绿藻门	硅藻门	裸藻门	甲藻门	金藻门	隐藻门	总计
2020/10/15	梅林	5	19	22	2	1	1	1	51
	广宇	8	29	20	3	1	2	1	64
	翻板坝	8	21	17	1	2	2	1	52
2020/11/01	梅林	3	14	19	1	2	0	0	39
	广宇	7	18	19	3	2	1	1	51
	翻板坝	3	15	13	3	2	2	0	38
2020/11/15	梅林	5	22	17	1	2	1	1	49
	广宇	7	18	15	1	1	0	1	43
	翻板坝	4	22	14	2	1	1	1	45

（续表）

日期	站点	蓝藻门	绿藻门	硅藻门	裸藻门	甲藻门	金藻门	隐藻门	总计
2020/12/01	梅林	3	11	16	1	0	0	0	31
	广宇	6	10	14	2	1	1	1	34
	翻板坝	5	10	14	2	0	0	1	32
2020/12/15	梅林	5	12	15	2	0	1	1	36
	广宇	5	10	17	0	0	1	0	33
	翻板坝	5	15	16	0	1	2	1	40
2021/01/01	梅林	8	15	18	2	0	0	0	43
	广宇	6	17	15	1	1	2	0	42
	翻板坝	5	16	14	2	0	2	1	40
2021/01/15	梅林	4	13	14	2	0	0	0	33
	广宇	3	12	13	2	0	0	0	30
	翻板坝	6	15	17	2	1	2	0	43
2021/02/19	梅林	4	14	14	2	0	0	0	34
	广宇	3	13	15	1	0	0	0	32
	翻板坝	8	16	14	2	0	2	0	42
2021/03/05	梅林	8	13	16	2	1	1	0	41
	广宇	4	7	16	2	0	0	0	29
	翻板坝	8	18	15	2	0	2	0	45
2021/03/14	梅林	6	14	20	2	0	2	0	44
	广宇	2	20	17	2	0	0	0	41
	翻板坝	7	13	16	3	0	0	0	39
2021/04/01	梅林	5	10	18	3	0	0	0	36
	广宇	4	14	15	2	0	0	0	35
	翻板坝	8	16	27	2	0	1	0	54
2021/04/15	梅林	8	17	20	2	0	2	1	50
	广宇	7	18	23	3	0	3	1	55
	翻板坝	7	17	24	3	0	3	0	54
2021/05/01	梅林	6	14	18	2	0	2	0	42
	广宇	7	13	18	2	0	2	1	43
	翻板坝	9	22	22	2	1	2	1	59

（续表）

日期	站点	蓝藻门	绿藻门	硅藻门	裸藻门	甲藻门	金藻门	隐藻门	总计
2021/05/15	梅林	5	23	20	3	1	1	1	54
	广宇	10	22	23	2	1	1	1	60
	翻板坝	8	17	22	2	1	1	1	52
2021/06/01	梅林	7	24	17	2	0	1	1	52
	广宇	6	21	23	2	1	3	1	57
	翻板坝	7	26	20	2	1	1	0	57
2021/06/15	梅林	8	24	23	3	1	1	1	61
	广宇	7	20	21	3	1	1	1	54
	翻板坝	5	21	22	2	1	2	1	54
2021/06/30	梅林	8	23	25	3	1	1	1	62
	广宇	9	27	26	3	1	1	1	68
	翻板坝	7	22	24	2	1	0	1	57
2021/07/15	梅林	7	32	21	4	1	2	1	68
	广宇	7	32	25	2	1	2	2	71
	翻板坝	10	36	23	3	0	1	2	75
2021/08/01	梅林	9	25	23	3	2	2	2	66
	广宇	8	35	24	2	1	1	2	73
	翻板坝	9	34	22	3	1	1	2	72
2021/08/14	梅林	6	14	22	1	0	0	1	44
	广宇	9	18	19	2	0	0	1	49
	翻板坝	6	11	17	1	0	0	0	35
2021/09/06	梅林	7	12	20	1	1	2	2	45
	广宇	8	31	21	3	0	2	2	67
	翻板坝	6	31	19	3	0	1	2	62
2021/09/15	梅林	2	15	18	3	0	1	2	41
	广宇	9	23	22	3	2	2	2	63
	翻板坝	8	22	18	3	1	2	2	56
2021/10/01	梅林	5	11	16	1	1	1	1	36
	广宇	8	36	26	3	2	2	2	79
	翻板坝	13	36	24	1	2	2	2	80

全年调查结果表明，蓝藻门、硅藻门、绿藻门在各站点均有分布，硅藻门和绿藻门是主要优势门类（表 4－1）。其中，蓝藻门平裂藻（*Merismopedia* sp.）、伪鱼腥藻（*Pseudanabaena* sp.）、色球藻（*Chroococcus* sp.）为主要优势种（优势度＞0.02 且在所有点位检出率＞15%）；硅藻门的针杆藻（*Synedra* sp.）、脆杆藻（*Fragilaria* sp.）、短缝藻（*Eunotia* sp.）、菱形藻（*Nitzschia* sp.）、卵形藻（*Cocconeis* sp.）、桥弯藻（*Cymbella* sp.）、小环藻（*Cyclotella* sp.）、曲壳藻（*Achnanthes* sp.）、异极藻（*Gomphonema* sp.）、直链藻（*Melosira* sp.）、舟形藻（*Navicula* sp.）为主要优势种；绿藻门的小球藻（*Chlorella* sp.）、衣藻（*Chlamydomonas* sp.）、栅藻（*Scenedesmus* sp.）、四尾栅藻（*Scenedesmus quadricauda*），甲藻门的裸甲藻（*Gymnodinium* sp.）、裸藻门的裸藻（*Euglena* sp.），隐藻门的隐藻（*Cryptomonas* sp.）等为主要优势种。

2. 浮游植物生物学信息

调查期间，屯溪三江湿地公园流域范围内，浮游植物单位水体 Chl a 浓度介于 1.01～46.88 μg/L 之间，Chl a 浓度在 2021 年 2 月 19 日翻板坝站点最高，2020 年 12 月 15 日广宇站点最低。Simpson 指数介于 0.65～0.95 之间，Shannon－Wiener 指数介于 1.54～3.52 之间，Pielou 均匀度指数介于 0.41～0.88 之间，Margalef 丰富度指数介于 1.95～5.03 之间，多样性阈值（D_v）介于 3.37～4.38 之间（表 4－2）。

表 4－2 屯溪三江省级湿地公园浮游植物生物学参数

日期	地点	Simpson 指数 D	Shannon－Wiener 指数 H	Pielou 指数 J	Margalef 丰富度指数 R	多样性阈值 D_v	Chl a (μg/L)
2020/10/15	梅林	0.93	3.07	0.78	3.68	3.93	4.7
	广宇	0.80	2.21	0.53	3.96	4.16	21.1
	翻板坝	0.78	1.94	0.49	3.14	3.95	23.9
2020/11/01	梅林	0.91	2.81	0.77	2.79	3.66	5.4
	广宇	0.88	2.67	0.68	3.44	3.93	9.8
	翻板坝	0.78	2.03	0.56	2.51	3.64	24.2
2020/11/15	梅林	0.78	2.19	0.56	3.16	3.91	13.7
	广宇	0.78	2.08	0.55	2.76	3.76	23.2
	翻板坝	0.83	2.27	0.60	2.82	3.81	27.7
2020/12/01	梅林	0.90	2.77	0.81	2.37	3.43	2.1
	广宇	0.91	2.86	0.81	2.68	3.53	1.1
	翻板坝	0.88	2.62	0.75	2.39	3.47	1.6

（续表）

日期	地点	Simpson 指数 D	Shannon－Wiener 指数 H	Pielou 指数 J	Margalef 丰富度指数 R	多样性阈值 D_v	Chl a (μg/L)
2020/12/15	梅林	0.89	2.65	0.74	2.57	3.58	2.3
	广宇	0.90	2.70	0.77	2.46	3.50	1.0
	翻板坝	0.87	2.44	0.66	2.79	3.69	3.1
2021/01/01	梅林	0.86	2.60	0.69	2.85	3.76	17.7
	广宇	0.91	2.94	0.79	3.00	3.74	3.9
	翻板坝	0.83	2.40	0.65	2.75	3.69	4.4
2021/01/15	梅林	0.82	2.35	0.67	2.36	3.50	7.2
	广宇	0.69	1.71	0.50	2.16	3.40	6.3
	翻板坝	0.66	1.54	0.41	2.84	3.76	24.1
2021/02/19	梅林	0.79	2.20	0.62	2.44	3.56	9.2
	广宇	0.78	2.01	0.58	1.95	3.47	18.4
	翻板坝	0.79	2.19	0.59	2.60	3.74	46.9
2021/03/05	梅林	0.89	2.81	0.76	2.95	3.71	12.1
	广宇	0.83	2.32	0.69	2.12	3.37	2.8
	翻板坝	0.91	2.98	0.78	3.15	3.81	4.4
2021/03/14	梅林	0.95	3.25	0.86	3.18	3.78	5.7
	广宇	0.88	2.60	0.70	2.85	3.71	3.8
	翻板坝	0.87	2.73	0.74	2.85	3.66	3.1
2021/04/01	梅林	0.83	2.42	0.68	2.35	3.58	31.7
	广宇	0.91	2.80	0.79	2.51	3.56	9.4
	翻板坝	0.91	2.91	0.73	3.59	3.99	12.8
2021/04/15	梅林	0.91	2.96	0.76	3.44	3.91	13.5
	广宇	0.95	3.33	0.83	3.90	4.01	7.1
	翻板坝	0.95	3.36	0.84	3.92	3.99	9.9
2021/05/01	梅林	0.89	2.84	0.76	2.98	3.74	6.5
	广宇	0.89	2.95	0.79	3.06	3.75	4.7
	翻板坝	0.78	2.32	0.57	3.91	4.08	9.8

（续表）

日期	地点	Simpson 指数 D	Shannon - Wiener 指数 H	Pielou 指数 J	Margalef 丰富度指数 R	多样性阈值 D_v	Chl a (μg/L)
2021/05/15	梅林	0.91	2.99	0.75	3.76	3.99	5.1
	广宇	0.94	3.30	0.81	4.17	4.09	4.4
	翻板坝	0.94	3.29	0.83	3.74	3.95	5.2
2021/06/01	梅林	0.92	3.15	0.80	3.65	3.95	4.3
	广宇	0.90	3.02	0.75	4.07	4.04	2.0
	翻板坝	0.87	2.88	0.71	4.02	4.04	2.4
2021/06/15	梅林	0.92	3.28	0.80	4.31	4.11	2.4
	广宇	0.95	3.50	0.88	3.96	3.99	2.7
	翻板坝	0.88	2.97	0.74	3.91	3.99	1.9
2021/06/30	梅林	0.95	3.39	0.82	4.42	4.13	2.2
	广宇	0.95	3.52	0.83	4.75	4.22	2.5
	翻板坝	0.93	3.16	0.78	3.89	4.04	2.8
2021/07/15	梅林	0.94	3.40	0.81	4.73	4.22	6.1
	广宇	0.94	3.31	0.78	4.81	4.26	5.6
	翻板坝	0.91	3.07	0.71	4.79	4.32	12.7
2021/08/01	梅林	0.94	3.32	0.79	4.63	4.19	3.5
	广宇	0.80	2.69	0.63	4.84	4.29	6.0
	翻板坝	0.91	3.16	0.74	4.92	4.28	4.3
2021/08/14	梅林	0.84	2.71	0.72	3.29	3.78	6.0
	广宇	0.91	2.94	0.76	3.45	3.89	11.0
	翻板坝	0.87	2.56	0.72	2.50	3.56	8.1
2021/09/6	梅林	0.94	3.21	0.84	3.29	3.81	2.6
	广宇	0.90	3.20	0.76	4.63	4.20	10.7
	翻板坝	0.65	2.07	0.50	4.01	4.13	8.6
2021/09/15	梅林	0.92	3.04	0.82	3.08	3.71	2.9
	广宇	0.88	2.80	0.68	4.38	4.14	8.3
	翻板坝	0.84	2.58	0.64	3.86	4.03	7.9

（续表）

日期	地点	Simpson 指数 D	Shannon - Wiener 指数 H	Pielou 指数 J	Margalef 丰富度指数 R	多样性阈值 D_v	Chl a (μg/L)
2021/10/01	梅林	0.93	3.01	0.84	2.60	3.58	3.6
	广宇	0.73	2.37	0.54	5.03	4.37	10.3
	翻板坝	0.79	2.37	0.54	4.93	4.38	14.7
	最大值	0.95	3.52	0.88	5.03	4.38	46.88
	最小值	0.65	1.56	0.41	1.95	3.37	1.01

以 03—05 月（春季）、06—08 月（夏季）、09—11 月（秋季）、12—02 月（冬季）进行四季划分，对各站点不同季节 Chl a 浓度进行统计。总体上，秋、冬季平均 Chl a 浓度高于其他季节，夏季各采样时段 Chl a 浓度相对较低[图 4 - 1(a)，图 4 - 2(a)]；多样性阈值分析表明，冬季多样性阈值相较于夏、秋、春季低，其中夏、秋季多样性水平总体较高[图 4 - 1(a)，图 4 - 2(b)]。

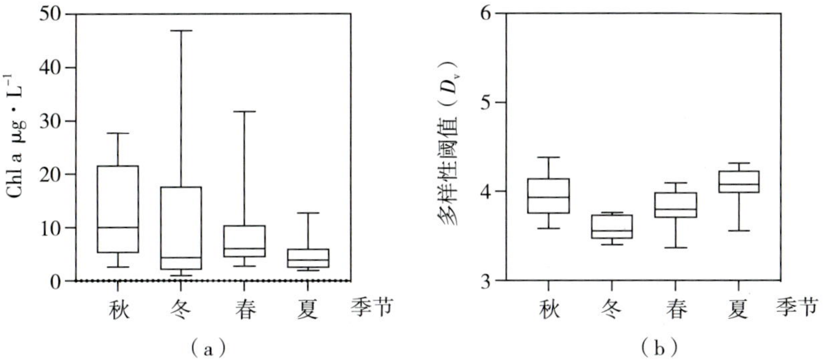

图 4 - 1 不同季节各采样站点平均 Chl a 浓度(a)与多样性阈值(b)箱形图

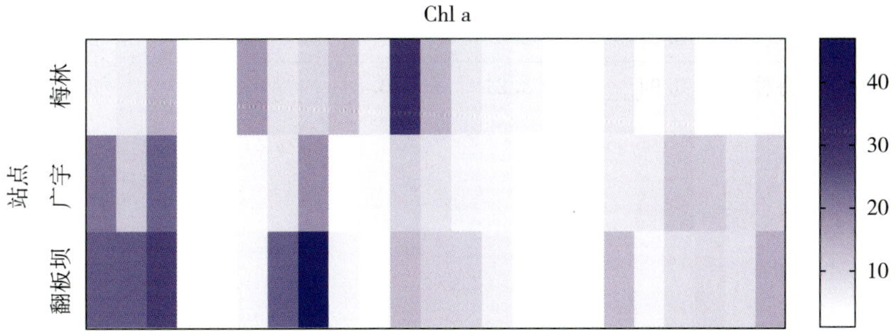

(a)

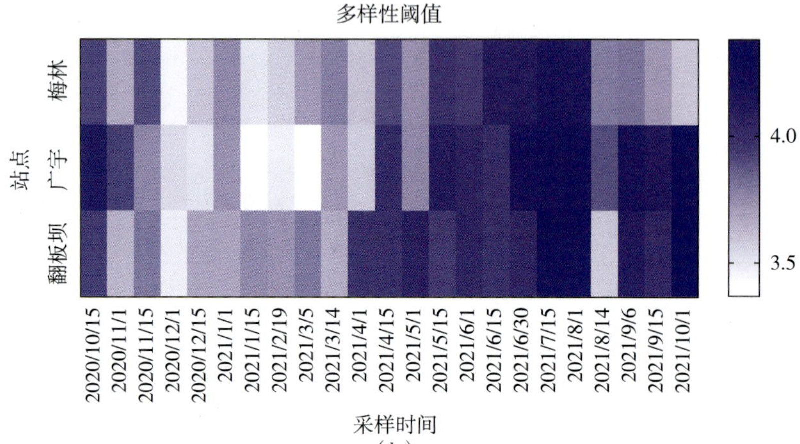

（b）

图 4－2 不同采样时间各采样站点 Chl a 浓度(a)与多样性阈值(b)分布热图

二、水质评价

1. 浮游植物污染指示种

污染指示物种种类分析表明，监测期间屯溪三江省级湿地公园流域污染指示种共计 58 种，其中甲型中污水指示种 1 种，既是甲型中污水又是乙型中污水指示种 2 种，乙型中污水指示种 44 种，既是乙型中污水又是微污水指示种 2 种，微污水指示种 9 种(表 4－3)。

表 4－3 屯溪三江省级湿地公园污染指示种名录

污染类型	中文名	拉丁名
甲型中污水	谷皮菱形藻	*Nitzschia palea*
甲型和乙型中污水	衣藻	*Chlamydomonas* sp.
	球衣藻	*Chlamydomonas globosa*
乙型中污水	微囊藻	*Microcystis* sp.
	水华束丝藻	*Aphanizomenon flos－aqua*
	鱼腥藻(长孢藻)	*Dolichospermum* sp.
	梅尼小环藻	*Cylotella meneghiniana*
	颗粒直链藻	*Melosira granulata*
	钝脆杆藻	*Fragilaria capucina*
	肘状针杆藻	*Synedra ulna*

（续表）

污染类型	中文名	拉丁名
乙型中污水	尖布纹藻	*Gyrosigma acuminatum*
	二角盘星藻	*Pediastrum duplex*
	镰形纤维藻	*Ankistrodesmus falcatus*
	栅藻	*Scenedesmus* sp.
	二尾栅藻	*Scenedesmus bicaudatus*
	四尾栅藻	*Scenedesmus quadricauda*
	急尖栅藻	*Scenedesmus acutus*
	二形栅藻	*Scenedesmus dimorphus*
	齿牙栅藻	*Scenedesmus denticulatus*
	椭圆栅藻	*Scenedesmus ellipsoideus*
	集星藻	*Actinastrum* sp.
	空星藻	*Coelastrum* sp.
	小空星藻	*Coelastrum microporum*
	空星藻原变种	*Coelastrum microporum var. microporum*
	十字藻	*Crucigenia* sp.
	华美十字藻	*Crucigenia lauterbornii*
	铜钱十字藻	*Crucigenia fenestrata*
	四角十字藻	*Crucigenia quadrata*
	四足十字藻	*Crucigenia tetrapedia*
	网球（胶网）藻	*Dictyosphaerium* sp.
	顶棘藻	*Chodatella* sp.
	蹄形藻	*Kirchneriella* sp.
	扭曲蹄形藻	*Krichneriella contorta*
	四星藻	*Tetrastrum* sp.
	异刺四星藻	*Tetrastrum heterocanthum*
	卵囊藻	*Oocystis* sp.
	鞘藻	*Oedogonium* sp.
	透镜壳衣藻	*Phacotus lenticularis*
	实球藻	*Pandorina morum*

（续表）

污染类型	中文名	拉丁名
乙型中污水	金杯藻	*Kephyrion* sp.
	隐藻	*Cryptomonas* sp.
	裸藻	*Euglena* sp.
	囊裸藻	*Trachelomonas* sp.
	陀螺藻	*Strombomonas* sp.
	卵形藻	*Cocconeis* sp.
	菱形藻	*Nitzschia* sp.
	细菱形藻	*Nitzschia acicularis*
乙型中污和微污水	美丽星杆藻	*Asterionella formosa*
	鼓藻	*Cosmarium* sp.
微污水	小环藻	*Cyclotella* sp.
	短缝藻	*Eunotia* sp.
	新月藻	*Closterium* sp.
	裂鼓藻(凹顶鼓藻)	*Euastrum* sp.
	叉星藻(角星鼓藻)	*Staurastrum* sp.
	转板藻	*Mougeotia* sp.
	鱼鳞藻	*Mallomonas* sp.
	锥囊藻(钟罩藻)	*Dinobryon* sp.
	多甲藻	*Peridinium* sp.

全年各点位、各监测时间段污染指示种介于10～38种之间，污染指示种占所有种类的比例介于31%～57%间。未监测到重污水以及既是重污水和甲型中污水指示种，监测到甲型中污水指示种0～1种；既是甲型中污水又是乙型中污水指示种0～2种；乙型中污水指示种6～30种；既是乙型中污水又是微污水指示种0～2种；微污水指示种2～7种(表4-4)。

表4-4　各类型污染指示种物种数量及占比统计

采样时间	站点	重污水	重污水和甲型中污水	甲型中污水	甲型和乙型中污水	乙型中污水	乙型中污和微污	微污	微污和清水	清水	污染指示藻	种类总计	污染指示种种类占比(%)
2020/10/15	梅林	0	0	1	1	18	1	4	0	0	25	51	49.0
	广宇	0	0	0	2	23	1	4	0	0	30	64	46.9
	翻板坝	0	0	0	1	17	1	7	0	0	26	52	50.0

（续表）

采样时间	站点	重污水	重污水和甲型中污水	甲型中污水	甲型和乙型中污水	乙型中污水	乙型中污和微污	微污	微污和清水	清水	污染指示藻	种类总计	污染指示种种类占比(%)
2020/11/01	梅林	0	0	0	1	7	1	4	0	0	13	39	33.3
	广宇	0	0	0	2	11	1	4	0	0	18	51	35.3
	翻板坝	0	0	0	1	10	1	5	0	0	17	38	44.7
2020/11/15	梅林	0	0	0	2	15	1	4	0	0	22	49	44.9
	广宇	0	0	0	1	11	1	4	0	0	17	43	39.5
	翻板坝	0	0	0	2	15	1	4	0	0	22	45	48.9
2020/12/01	梅林	0	0	0	1	8	1	3	0	0	13	31	41.9
	广宇	0	0	0	2	9	1	3	0	0	15	34	44.1
	翻板坝	0	0	0	1	8	1	3	0	0	13	32	40.6
2020/12/15	梅林	0	0	0	1	11	1	2	0	0	15	36	41.7
	广宇	0	0	0	1	7	1	3	0	0	12	33	36.4
	翻板坝	0	0	0	2	12	1	2	0	0	17	40	42.5
2021/01/01	梅林	0	0	0	1	10	1	2	0	0	14	43	32.6
	广宇	0	0	0	2	10	1	5	0	0	18	42	42.9
	翻板坝	0	0	0	2	13	1	3	0	0	19	40	47.5
2021/01/15	梅林	0	0	0	1	12	1	3	0	0	17	33	51.5
	广宇	0	0	0	1	11	1	2	0	0	15	30	50.0
	翻板坝	0	0	1	2	14	1	5	0	0	23	43	53.5
2021/02/19	梅林	0	0	0	2	10	1	2	0	0	15	34	44.1
	广宇	0	0	0	0	11	1	2	0	0	14	32	43.8
	翻板坝	0	0	0	1	11	1	5	0	0	18	42	42.9
2021/03/05	梅林	0	0	0	1	9	1	3	0	0	14	41	34.1
	广宇	0	0	0	1	6	1	2	0	0	10	29	34.5
	翻板坝	0	0	0	1	12	1	5	0	0	19	45	42.2
2021/03/14	梅林	0	0	0	1	14	1	4	0	0	20	44	45.5
	广宇	0	0	0	1	13	1	4	0	0	19	41	46.3
	翻板坝	0	0	0	1	9	0	2	0	0	12	39	30.8

（续表）

采样时间	站点	重污水	重污水和甲型中污水	甲型中污水	甲型和乙型中污水	乙型中污水	乙型中污和微污	微污	微污和清水	清水	污染指示藻	种类总计	污染指示种种类占比(%)
2021/04/01	梅林	0	0	0	1	10	1	3	0	0	15	36	41.7
	广宇	0	0	1	1	10	1	4	0	0	17	35	48.6
	翻板坝	0	0	1	1	16	1	4	0	0	23	54	42.6
2021/04/15	梅林	0	0	1	1	15	1	4	0	0	22	50	44.0
	广宇	0	0	1	2	17	1	4	0	0	25	55	45.5
	翻板坝	0	0	1	1	20	1	5	0	0	28	54	51.9
2021/05/01	梅林	0	0	1	1	14	1	5	0	0	22	42	52.4
	广宇	0	0	1	1	14	1	4	0	0	21	43	48.8
	翻板坝	0	0	1	2	17	1	5	0	0	26	59	44.1
2021/05/15	梅林	0	0	1	2	18	1	4	0	0	26	54	48.1
	广宇	0	0	1	1	22	1	6	0	0	31	60	51.7
	翻板坝	0	0	1	1	22	1	4	0	0	29	52	55.8
2021/06/01	梅林	0	0	1	1	19	1	4	0	0	26	52	50.0
	广宇	0	0	1	1	18	1	6	0	0	27	57	47.4
	翻板坝	0	0	1	1	16	2	5	0	0	25	57	43.9
2021/06/15	梅林	0	0	1	1	19	1	3	0	0	25	61	41.0
	广宇	0	0	1	2	22	1	5	0	0	31	54	57.4
	翻板坝	0	0	1	2	19	1	5	0	0	28	54	51.9
2021/06/30	梅林	0	0	1	2	19	1	4	0	0	27	62	43.5
	广宇	0	0	1	1	26	1	5	0	0	34	68	50.0
	翻板坝	0	0	1	1	17	1	5	0	0	25	57	43.9
2021/07/15	梅林	0	0	1	2	22	1	6	0	0	32	68	47.1
	广宇	0	0	1	1	22	1	6	0	0	31	71	43.7
	翻板坝	0	0	1	2	24	1	6	0	0	34	75	45.3
2021/08/01	梅林	0	0	1	1	21	1	5	0	0	29	66	43.9
	广宇	0	0	1	2	24	1	5	0	0	33	73	45.2
	翻板坝	0	0	1	2	23	1	4	0	0	31	72	43.1

（续表）

采样时间	站点	重污水	重污水和甲型中污水	甲型中污水	甲型和乙型中污水	乙型中污水	乙型中污和微污	微污	微污和清水	清水	污染指示藻	种类总计	污染指示种种类占比(%)
2021/08/14	梅林	0	0	0	2	12	1	2	0	0	17	44	38.6
	广宇	0	0	1	1	14	1	4	0	0	21	49	42.9
	翻板坝	0	0	0	1	8	1	2	0	0	12	35	34.3
2021/09/06	梅林	0	0	1	1	12	1	3	0	0	18	45	40.0
	广宇	0	0	1	2	18	1	5	0	0	27	67	40.3
	翻板坝	0	0	1	1	24	1	4	0	0	31	62	50.0
2021/09/15	梅林	0	0	1	1	11	1	2	0	0	16	41	39.0
	广宇	0	0	1	2	18	1	4	0	0	26	63	41.3
	翻板坝	0	0	1	2	19	1	4	0	0	27	56	48.2
2021/10/01	梅林	0	0	1	1	12	1	3	0	0	18	36	50.0
	广宇	0	0	1	2	30	1	4	0	0	38	79	48.1
	翻板坝	0	0	1	2	24	1	5	0	0	33	80	41.3

各类污染指示物种丰度分析表明，监测期间屯溪三江省级湿地公园流域全年各点位、各监测时间段污染指示种丰度占总丰度比例介于8.8%～59.2%之间，其中甲型中污水指示种丰度占比介于0～3.3%之间；既是甲型中污水又是乙型中污水指示种丰度占比介于0～14.6%之间；乙型中污水指示种丰度占比介于2.8%～52.4%之间；既是乙型中污水又是微污水指示种占比介于0～2.5%之间；微污水指示种丰度占比介于0.4%～21.1%之间（表4－5）。

总体上，湿地公园污染指示种种类及丰度以乙型中污水种类所占比例较高，微污水指示种次之，指示水质类型为乙型中污-微污型水。

表4－5　各类型污染指示种物种丰度占比统计　　单位：%

采样时间	站点	重污水	重污水和甲型中污水	甲型中污水	甲型和乙型中污水	乙型中污水	乙型中污和微污	微污	微污和清水	清水	污染指示藻
2020/10/15	梅林	0.00	0.00	0.57	0.63	32.95	0.89	2.22	0.00	0.00	37.26
	广宇	0.00	0.00	0.00	6.20	8.42	0.30	6.15	0.00	0.00	21.07
	翻板坝	0.00	0.00	0.00	2.83	7.23	0.29	5.98	0.00	0.00	16.34

（续表）

采样时间	站点	重污水	重污水和甲型中污水	甲型中污水	甲型和乙型中污水	乙型中污水	乙型中污和微污	微污	微污和清水	清水	污染指示藻
2020/11/01	梅林	0.00	0.00	0.00	4.69	30.65	1.08	4.81	0.00	0.00	41.23
	广宇	0.00	0.00	0.00	14.56	30.74	0.54	5.36	0.00	0.00	51.19
	翻板坝	0.00	0.00	0.00	4.69	31.20	0.54	3.02	0.00	0.00	39.46
2020/11/15	梅林	0.00	0.00	0.00	3.18	10.55	0.47	3.81	0.00	0.00	18.01
	广宇	0.00	0.00	0.00	3.61	6.71	0.24	4.58	0.00	0.00	15.13
	翻板坝	0.00	0.00	0.00	3.72	7.31	0.27	9.39	0.00	0.00	20.68
2020/12/01	梅林	0.00	0.00	0.00	3.91	29.64	0.65	6.19	0.00	0.00	40.39
	广宇	0.00	0.00	0.00	1.76	19.38	0.44	13.66	0.00	0.00	35.24
	翻板坝	0.00	0.00	0.00	6.61	14.58	2.28	3.42	0.00	0.00	26.88
2020/12/15	梅林	0.00	0.00	0.00	3.79	11.87	0.49	5.75	0.00	0.00	21.91
	广宇	0.00	0.00	0.00	3.52	8.15	1.32	4.19	0.00	0.00	17.18
	翻板坝	0.00	0.00	0.00	13.49	9.62	0.17	5.67	0.00	0.00	28.95
2021/01/01	梅林	0.00	0.00	0.00	2.07	13.78	0.55	8.40	0.00	0.00	24.80
	广宇	0.00	0.00	0.00	3.09	11.80	0.57	13.86	0.00	0.00	29.32
	翻板坝	0.00	0.00	0.00	5.31	14.94	0.70	7.05	0.00	0.00	28.00
2021/01/15	梅林	0.00	0.00	0.00	0.65	16.75	0.26	4.06	0.00	0.00	21.73
	广宇	0.00	0.00	0.00	0.74	5.93	0.44	5.63	0.00	0.00	12.74
	翻板坝	0.00	0.00	0.04	1.77	2.83	0.64	3.47	0.00	0.00	8.75
2021/02/19	梅林	0.00	0.00	0.00	1.47	12.55	0.52	7.27	0.00	0.00	21.82
	广宇	0.00	0.00	0.00	0.00	9.17	0.38	21.07	0.00	0.00	30.62
	翻板坝	0.00	0.00	0.00	7.23	3.72	0.14	14.26	0.00	0.00	25.34
2021/03/05	梅林	0.00	0.00	0.00	0.64	18.39	0.51	7.79	0.00	0.00	27.33
	广宇	0.00	0.00	0.00	0.89	14.11	0.71	4.82	0.00	0.00	20.54
	翻板坝	0.00	0.00	0.00	3.56	13.53	0.17	15.52	0.00	0.00	32.78
2021/03/14	梅林	0.00	0.00	0.00	4.63	24.63	0.27	7.89	0.00	0.00	37.41
	广宇	0.00	0.00	0.00	0.57	52.36	0.16	1.63	0.00	0.00	54.72
	翻板坝	0.00	0.00	0.00	0.66	16.67	0.00	7.26	0.00	0.00	24.59

（续表）

采样时间	站点	重污水	重污水和甲型中污水	甲型中污水	甲型和乙型中污水	乙型中污水	乙型中污和微污	微污	微污和清水	清水	污染指示藻
2021/04/01	梅林	0.00	0.00	0.00	1.11	16.90	0.07	5.43	0.00	0.00	23.50
	广宇	0.00	0.00	1.17	0.52	20.78	0.52	4.16	0.00	0.00	27.14
	翻板坝	0.00	0.00	0.30	1.71	19.43	0.19	2.85	0.00	0.00	24.49
2021/04/15	梅林	0.00	0.00	1.04	2.93	31.10	0.91	5.15	0.00	0.00	41.13
	广宇	0.00	0.00	1.45	4.16	22.24	0.97	5.51	0.00	0.00	34.33
	翻板坝	0.00	0.00	0.79	4.10	26.29	0.92	8.98	0.00	0.00	41.08
2021/05/01	梅林	0.00	0.00	2.00	1.90	51.95	0.11	3.27	0.00	0.00	59.22
	广宇	0.00	0.00	1.33	3.89	22.67	0.22	3.44	0.00	0.00	31.56
	翻板坝	0.00	0.00	0.51	2.53	12.66	0.87	1.59	0.00	0.00	18.16
2021/05/15	梅林	0.00	0.00	0.82	1.41	47.74	0.74	2.30	0.00	0.00	53.01
	广宇	0.00	0.00	0.78	0.71	25.52	1.43	3.85	0.00	0.00	32.29
	翻板坝	0.00	0.00	0.61	1.09	38.55	0.97	3.64	0.00	0.00	44.85
2021/06/01	梅林	0.00	0.00	1.44	4.99	30.52	0.68	3.72	0.00	0.00	41.34
	广宇	0.00	0.00	0.21	1.36	25.18	0.84	4.30	0.00	0.00	31.90
	翻板坝	0.00	0.00	0.54	3.04	21.98	1.34	2.86	0.00	0.00	29.76
2021/06/15	梅林	0.00	0.00	0.91	4.36	30.58	1.91	5.44	0.00	0.00	43.19
	广宇	0.00	0.00	2.92	4.30	33.64	0.31	4.92	0.00	0.00	46.08
	翻板坝	0.00	0.00	0.26	4.59	22.80	0.26	6.42	0.00	0.00	34.34
2021/06/30	梅林	0.00	0.00	0.82	3.59	28.00	1.13	1.33	0.00	0.00	34.87
	广宇	0.00	0.00	1.06	1.66	30.39	0.91	4.01	0.00	0.00	38.02
	翻板坝	0.00	0.00	1.02	1.42	22.51	0.23	3.06	0.00	0.00	28.23
2021/07/15	梅林	0.00	0.00	0.77	5.46	34.73	0.28	3.15	0.00	0.00	44.40
	广宇	0.00	0.00	0.81	5.30	17.71	2.05	1.86	0.00	0.00	27.73
	翻板坝	0.00	0.00	0.67	4.13	21.90	0.97	2.21	0.00	0.00	29.88
2021/08/01	梅林	0.00	0.00	1.26	2.76	25.04	2.53	2.05	0.00	0.00	33.65
	广宇	0.00	0.00	0.52	1.59	18.27	0.65	0.93	0.00	0.00	21.96
	翻板坝	0.00	0.00	0.53	1.76	23.76	1.33	1.60	0.00	0.00	28.99

（续表）

采样时间	站点	重污水	重污水和甲型中污水	甲型中污水	甲型和乙型中污水	乙型中污水	乙型中污和微污	微污	微污和清水	清水	污染指示藻
2021/08/14	梅林	0.00	0.00	0.00	2.11	9.05	1.05	1.89	0.00	0.00	14.11
	广宇	0.00	0.00	0.55	0.28	13.67	0.55	3.42	0.00	0.00	18.47
	翻板坝	0.00	0.00	0.00	0.50	10.40	1.00	1.63	0.00	0.00	13.53
2021/09/06	梅林	0.00	0.00	2.52	1.89	27.40	0.63	1.89	0.00	0.00	34.33
	广宇	0.00	0.00	0.25	6.95	22.37	1.91	1.34	0.00	0.00	32.82
	翻板坝	0.00	0.00	0.30	0.93	17.31	0.45	0.98	0.00	0.00	19.96
2021/09/15	梅林	0.00	0.00	3.27	2.57	38.08	1.40	0.47	0.00	0.00	45.79
	广宇	0.00	0.00	0.14	5.11	22.42	1.04	1.56	0.00	0.00	30.27
	翻板坝	0.00	0.00	0.33	4.58	17.52	0.78	2.09	0.00	0.00	25.29
2021/10/01	梅林	0.00	0.00	2.03	1.60	47.31	0.29	2.32	0.00	0.00	53.56
	广宇	0.00	0.00	0.33	1.23	16.77	0.51	1.90	0.00	0.00	20.74
	翻板坝	0.00	0.00	0.33	0.29	12.12	0.41	0.42	0.00	0.00	13.58

2. 基于浮游植物生物学信息的水质状况评价

调查期间，三江省级湿地公园水体 Chl a 浓度表征的水体水质以低（占比 42.0%）、中营养型（占比 46.4%）占比较高，高富营养化的叶绿素浓度仅占 11.6%，叶绿素浓度反映的水质类型未出现过度富营养化型（表 4－6）。

表 4－6　基于 Chl a 浓度的屯溪三江省级湿地公园水质评价

Chl a 评价标准				
Chl a（μg/L）	＜5	5～20	20～60	＞60
富营养化程度	低	中	高	过度
数量（个）	29	32	8	0
占比（%）	42.0	46.4	11.6	0

Shannon－Wiener 多样性指数表征的水体污染状况，以轻污染、清洁水体为主（占 95.7%），中污染类型仅 4.3%，未出现重污染类型（表 4－7）。

表 4-7　基于 Shannon-Wiener 多样性指数的屯溪三江省级湿地公园水质评价

Shannon-Wiener 多样性指数评价标准				
H	0～1	1～2	2～3	>3
污染状况	重污染	中污染	轻污染	清洁
数量(个)	0	3	44	22
占比(%)	0	4.3	63.8	31.9

基于 Pielou 多样性指数表征的水体污染状况，以轻污染、无污染为主(占 97.1%)，中污染水体仅占 2.9%(表 4-8)。

表 4-8　基于 Pielou 多样性指数的屯溪三江省级湿地公园水质评价

Pielou 多样性指数评价标准				
J	0～0.3	0.3～0.5	0.5～0.8	0.8～1.0
污染状况	重污染	中污染	轻污染	无污染
数量	0	2	53	14
占比%	0	2.9	76.8	20.3

Margalef 指数表征调查期间水质以轻或无污染、中污染水质类型为主，分别占 59.4%和 40.6%，无重污染型水质指示(表 4-9)。

表 4-9　基于 Margalef 指数的屯溪三江省级湿地公园水质评价

Margalef 指数评价标准			
R	0～1	1～3	>3
污染状况	重污染	中污染	轻或无污染
数量(个)	0	28	41
占比(%)	0	40.6	59.4

多样性阈值评价调查期间屯溪三江省级湿地公园浮游植物多样性水平表现为以Ⅰ类、Ⅱ类为主，即多样性水平表现为丰富(10.1%)和非常丰富(89.9%)(表 4-10)。

表 4-10 基于多样性阈值的屯溪三江省级湿地公园水质评价

多样性阈值评价标准					
级别	Ⅴ	Ⅳ	Ⅲ	Ⅱ	Ⅰ
D_v	<0.6	0.6～1.5	1.5～2.5	2.5～3.5	>3.5
评价标准	多样性差	一般	较好	丰富	非常丰富
数量(个)	0	0	0	7	62
占比(%)	0	0	0	10.1	89.9

3. 水生态环境综合评价指数(Water Eco-Environmental Quality Index, $WEQI_{river}$)

结合水化学指标反应的水质类别、浮游植物 Shannon-Wiener 多样性指数以及生境评价评分，计算得到的综合评价指数(Water Eco-Environmental Quality Index, $WEQI_{river}$)结果表明，调查期间屯溪三江省级湿地公园水生态健康状况较好，以优秀占比最高(67 个，占比 97.1%)，良好数量为 2 个(占比 2.9%)，未出现轻度、中度及重度污染现象(表 4-11)。

表 4-11 水生态环境综合评价指数(Water Eco-Environmental Quality Index, $WEQI_{river}$)

$WEQI_{river}$	数量(个)	占比(%)	水生态健康状况	表征颜色
$WEQI_{river} \geq 4$	67	97.1	优秀	
$4 > WEQI_{river} \geq 3$	2	2.9	良好	
$3 > WEQI_{river} \geq 2$	0	0	轻度污染	
$2 > WEQI_{river} \geq 1$	0	0	中度污染	
$WEQI_{river} < 1$	0	0	重度污染	

经上述浮游植物生物学信息计算获得的 Chl a、Shannon-Wiener 指数、Pielou 多样性指数、Margalef 指数以及多样性阈值评价标准，均表明屯溪三江省级湿地公园水质健康状况较优，水体富营养化水平较低、藻类多样性水平较高、综合表现为轻度污染、无污染；浮游藻类污染指示种分析(物种种类及丰度)结果也表明水体主要以乙型中污-微污型水为主。综合水体理化参数、水体藻类学参数以及生境质量对三江省级湿地公园水质的评价结果，反映出湿地公园范围内水体全年水质状况较优，水生态健康状况($WEQI_{river}$)较好(表 4-12)。

表 4-12　屯溪三江省级湿地公园各类水质评价方法结果汇总

序号	评价类型	评价等级及占比				
1	水化学-单因子评价	Ⅰ	Ⅱ	Ⅲ	Ⅳ	Ⅴ
		8.70%	57.97%	24.64%	7.25%	1.45%
2	水化学-*CPI*	优	良	中	差	很差
		7%	84%	9%	0%	0%
3	Chl a	低富营养化	中富营养化	高富营养化		
		42%	46.4%	11.6%	0%	
4	Shannon-Wiener	清洁	轻污染	中污染	重污染	
		31.9%	63.8%	4.3%	0%	
5	Pielou 多样性指数	无污染	轻污染	中污染	重污染	
		20.3%	76.8%	2.9%	0%	
6	Margalef 指数	轻或无污染	中污染	重污染		
		59.4%	40.6%	0%		
7	污染指示种丰度占比平均值	清水	微污	乙型中污水	甲型中污水	重污水
		0%	18%	69%	13%	0%
8	污染指示种物种占比平均值	清水	微污	乙型中污水	甲型中污水	重污水
		0%	18%	73%	9%	0%
9	多样性阈值	多样性非常丰富	多样性丰富	多样性较好	多样性一般	
		89.9%	10.1%	0%	0%	0%
10	水生态健康状况 $WEQI_{river}$	优秀	良好	轻度污染	中度污染	重度污染
		97.1%	2.9%	0%	0%	0%

第五章 屯溪三江省级湿地公园浮游植物群落结构与理化因子相关性分析

为了解屯溪三江省级湿地公园浮游植物群落结构组成与环境因子间的关系，使用限制性排序（Constrained ordination）方法——冗余分析（Redundancy

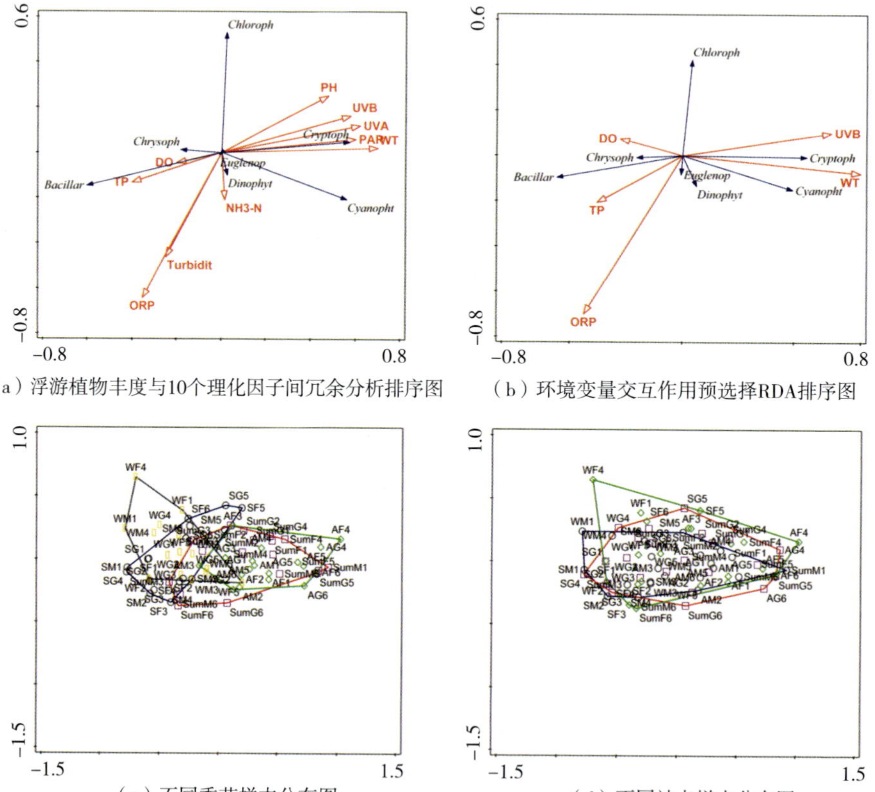

（a）浮游植物丰度与10个理化因子间冗余分析排序图

（b）环境变量交互作用预选择RDA排序图

（c）不同季节样本分布图

（d）不同站点样本分布图

图 5－1 浮游植物丰度与 10 个理化因子间冗余分析(RDA)

注:S 表示春季,Sum 表示夏季,A 表示秋季,W 表示冬季;F 表示翻板坝,M 表示梅林,G 表示广宇,例如:SumF 表示夏季一翻板坝。

analysis，RDA），探讨了不同门类浮游植物丰度、种数以及优势种优势度与环境因子间的联系。RDA 分析结果中，相关藻类的门类、拉丁名以及站点、季节等信息，使用缩写表示（表 5-1）。

表 5-1　RDA 分析涉及藻类门类、站点、季节中文名及拉丁名全称与缩写对照表

中文名	全称	缩写	中文名	全称	缩写
蓝藻门	Cyanophyta	Cyanopht	平裂藻	*Merismopedia* sp.	MerisSp
硅藻门	Bacillariophyta	Bacillar	色球藻	*Chroococcus* sp.	ChrooSp
甲藻门	Dinophyta	Dinophyt	伪鱼腥藻	*Pseudanabaena* sp.	PseudSp
裸藻门	Euglenophyta	Euglenop	脆杆藻	*Fragilaria* sp.	FragilSp
绿藻门	Chlorophyta	Chloroph	短缝藻	*Eunotia* sp.	EunotSp
金藻门	Chrysophyta	Chrysoph	针杆藻	*Synedra* sp.	SynedSp
隐藻门	Cryptophyta	Cryptoph	菱形藻	*Nitzschia* sp.	NitzsSp
春季	Spring	S	卵形藻	*Cocconeis* sp.	CocconSp
夏季	Summer	Sum	桥弯藻	*Cymbella* sp.	CymblSp
秋季	Autumn	A	小环藻	*Cyclotella* sp.	CycltSp
冬季	Winter	W	曲壳藻	*Achnanthes* sp.	AchnanSp
梅林	MeiLin	M	异极藻	*Gomphonema* sp.	GomphSp
广宇	Guangyu	G	直链藻	*Melosira* sp.	MelosSp
翻板坝	Fanbanba	F	舟形藻	*Navicula* sp.	NavicSp
浊度	Turbidity	Turbidit	裸藻	*Euglena* sp.	EuglnSp
四尾栅藻	*Scenedesmus quadricauda*	ScenQuad	小球藻	*Chlorella* sp.	ChlorSp
隐藻	*Cryptomonas* sp.	CryptSp	衣藻	*Chlamydomonas* sp.	ChlamSp
			栅藻	*Scenedesmus* sp.	ScendSp

一、浮游植物丰度与水体理化环境间关系分析

在 Canoco5.0 中使用交互式前向选择分析对屯溪三江省级湿地公园浮游植物丰度与 10 个理化因子（$DF=10$）相关性进行冗余分析（RDA 分析）[图 5-1(a)]，置换检验（Permutation Test）结果显示第一轴（pseudo-$F=20.3$，$P=0.002$）和所有轴（pseudo-$F=3.0$，$P=0.002$）均呈极显著差异，表明 RDA 分析结果可信。10

个环境变量对浮游植物丰度的总解释量为35.4%，其中轴一包含了26.93%的丰度变化信息(表5-1)。pH、PAR、UVA、UVB和WT与轴一呈较强的正相关性，TP和DO与轴一呈负相关性；NH_3-N、Turbidity和ORP与轴二呈负相关性。

表5-1 浮游植物丰度与环境因子间冗余分析统计参数

统计数据 Statistic	Axis 1	Axis 2	Axis 3	Axis 4
特征值 Eigenvalues	0.2693	0.0725	0.0111	0.0005
解释变异(累计)Explained variation (cumulative)	26.93	34.19	35.29	35.34
相关性 Pseudo-canonical correlation	0.6336	0.5266	0.4673	0.2086
解释拟合变异(累计)Explained fitted variation (cumulative)	76.17	96.68	99.81	99.94

将前向选择分析(Forward selection)纳入的10个环境因子作为单独的解释变量做RDA分析，蒙特卡洛置换检验结果表明对浮游植物丰度产生显著性影响的环境因子按照大小排序依次为WT、UVA、PAR、UVB、pH和ORP(表5-2)。

表5-2 环境因子单独解释效应(Simple Effects)的解释量及显著性检验

环境因子 Environmental factor	解释量(%)	pseudo-F	P
WT	13.3	9.8	0.002
UVA	10.6	7.6	0.002
PAR	9.8	7	0.002
UVB	9.3	6.6	0.004
pH	6.7	4.6	0.008
ORP	6.4	4.4	0.026
TP	4.5	3	0.054
Turbidity	3.3	2.2	0.116
DO	1.1	0.7	0.456
NH_3-N	0.6	0.4	0.672

考虑环境因子间存在交互效应，经蒙特卡洛置换检验，环境因子的条件解释效应(Conditional Effects)中，WT、DO和TP是显著影响浮游植物丰度的环境因子(所有$P<0.05$)(表5-3)，对浮游植物丰度变化的总解释量为22.7%。环境因子交互作用预选择的RDA分析表明，WT、DO、TP、ORP和UVB是影响浮游植物丰

度最大的5个环境因子，故而使用上述因子进行RDA重分析[图5-1(b)]，上述解释变量对浮游植物丰度变化的总解释量为27.8%，WT和UVB与第一排序轴呈正相关性，DO和TP与第一排序轴呈负相关性；ORP第二排序轴呈负相关性。优势门蓝藻门在高的WT和UVB下丰度较高，而硅藻门则在低的WT和UVB、高的DO和TP下丰度较高；绿藻门在低ORP下丰度较高[图5-1(b)]。

表5-3 环境因子条件解释效应(Conditional Effects)的解释量及显著性检验

环境因子 Environmental factor	解释量 (%)	pseudo-F	P
WT	13.3	9.8	0.002
DO	4.8	3.7	0.018
TP	4.6	3.7	0.032
ORP	3.4	2.8	0.062
UVB	2.9	2.4	0.096
UVA	2.4	2.1	0.136
PAR	2.4	2.1	0.114
Turbidity	0.6	0.5	0.586
NH_3-N	0.5	0.4	0.716
pH	0.5	0.4	0.696

不同季节浮游植物丰度分类排序图显示，四个季节浮游植物丰度间存在一定的相似性(重叠)，总体上，冬、春季节浮游植物丰度相似度较高，夏、秋季节浮游植物丰度相似度较高，冬、春季节与夏、秋季浮游植物丰度相似度存在一定差异[图5-1(c)]，而不同采样站点间浮游植物丰度无明显差异[图5-1(d)]。

二、浮游植物物种数与水体理化环境间关系分析

使用交互式前向选择分析对湿地公园浮游植物物种数与10个理化因子(DF=10)相关性进行冗余分析(RDA分析)[图5-2(a)]，置换检验(Permutation Test)结果显示第一轴(pseudo-F=48.5，P=0.002)和所有轴(pseudo-F=6.0，P=0.002)均呈极显著差异，表明RDA分析结果可信。10个环境变量对浮游植物物种数的总解释量为52.2%，其中轴一包含了46.88%的物种数变化信息(表5-4)。PAR、UVA、UVB和WT与轴一呈较强的正相关性，DO、ORP和NH_3-N与轴一呈

负相关性;TP、Turbidity(浊度)和 ORP 与轴二呈正相关性,pH 与轴二呈负相关性。

表 5-4 浮游植物物种数与环境因子间冗余分析统计参数

统计数据 Statistic	Axis 1	Axis 2	Axis 3	Axis 4
特征值 Eigenvalues	0.4688	0.0446	0.0041	0.0022
解释变异(累计)Explained variation (cumulative)	46.88	51.34	51.75	51.97
相关性 Pseudo-canonical correlation	0.7482	0.6589	0.3853	0.5441
解释拟合变异(累计)Explained fitted variation (cumulative)	89.84	98.4	99.19	99.61

将前向选择分析(Forward selection)纳入的 10 个环境因子作为单独的解释变量做 RDA 分析,蒙特卡洛置换检验结果表明对浮游植物物种数产生显著性影响的环境因子按照大小排序依次为 WT、UVB、PAR、UVA、DO 和 ORP(表 5-5)。

表 5-5 环境因子单独解释效应(Simple Effects)的解释量及显著性检验

环境因子 Environmental factor	解释量 (%)	pseudo-F	P
WT	43.3	48.9	0.002
UVB	39.1	41.1	0.002
PAR	37.3	38.1	0.002
UVA	37.2	37.9	0.002
DO	14.7	11	0.002
ORP	5.7	3.9	0.05
pH	3.3	2.2	0.126
TP	3	2	0.174
NH_3-N	2.5	1.6	0.194
Turbidity	2.1	1.4	0.262

考虑环境因子间存在交互效应,经蒙特卡洛置换检验,环境因子的条件解释效应(Conditional Effects)中,WT、DO 和 TP 是显著影响浮游植物物种数的环境因子(所有 $P<0.05$)(表 5-6),对浮游植物物种数变化的总解释量为 49.8%。WT、DO 和 TP 单独解释量分别为 43.3%(pseudo-$F=48.9$,$P=0.002$)、3.6%(pseudo-$F=4.2$,$P=0.016$)和 3.0%(pseudo-$F=3.8$,$P=0.03$)。选取 WT、DO 和 TP 作为解释变量,进行 RDA 重分析[图 5-2(b)],上述解释变量对浮游植

物物种数变化的总解释量为 50.6%，DO 与第一排序轴呈正相关性，WT 与第一排序轴呈负相关性；TP 与第二排序轴呈正相关性，DO 与第二排序轴呈负相关性。所有门类种数随温度升高而增加，随 DO 增加而降低[图 5-2(b)]。

表 5-6　环境因子条件解释效应(Conditional Effects)的解释量及显著性检验

环境因子 Environmental factor	解释量 (%)	pseudo-*F*	*P*
WT	43.3	48.9	0.002
DO	3.6	4.2	0.016
TP	3	3.8	0.03
Turbidity	0.4	0.5	0.554
pH	0.2	0.3	0.796
UVB	0.2	0.3	0.814
UVA	0.8	1	0.374
PAR	0.2	0.3	0.77
NH_3-N	0.2	0.3	0.772
ORP	<0.1	<0.1	0.972

不同季节浮游植物物种数分类排序图显示，四个季节浮游植物物种数间存在一定的相似性(重叠)，总体上，夏、秋季节浮游植物物种数分布相似度较高，春、冬季节浮游植物物种数均与其他各季节存在一定差异[图 5-2(c)]，而不同采样站点间浮游植物物种数无明显差异[图 5-2(d)]。

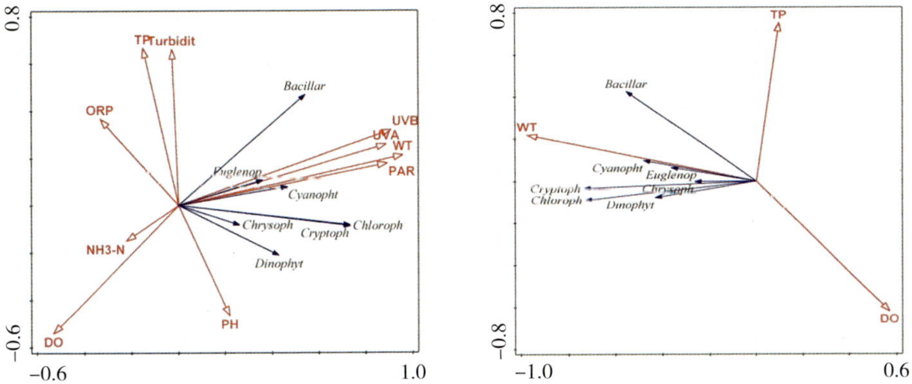

(a) 浮游植物种数与10个理化因子间冗余分析排序图　(b) 环境变量交互作用预选择RDA排序图

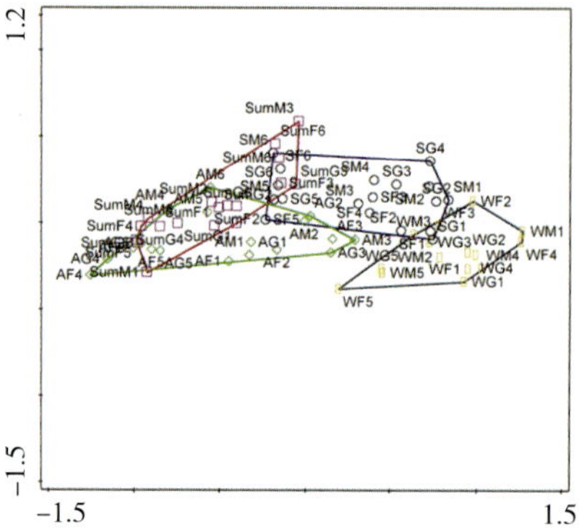

(c) 不同季节样本分布图

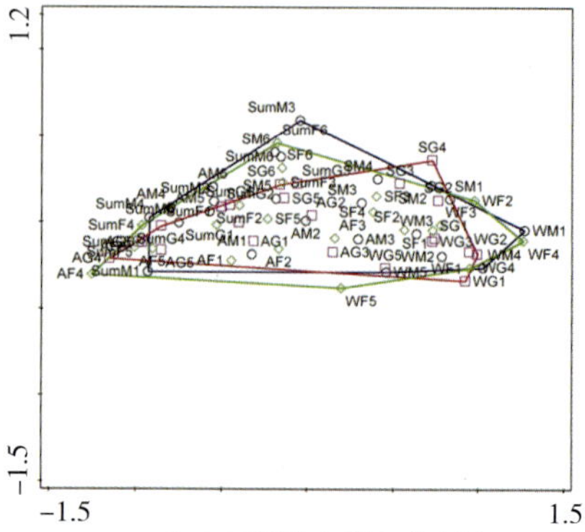

(d) 不同站点样本分布图

图 5-2　浮游植物种数与 10 个理化因子间冗余分析(RDA)

注:S 表示春季,Sum 表示夏季,A 表示秋季,W 表示冬季;F 表示翻板坝,M 表示梅林,G 表示广宇,例如:SumF 表示夏季一翻板坝。

三、浮游植物优势种优势度与水体理化环境间关系分析

选取优势度(Y)> 2%,且在所有检测站点、时间(共 69 次)出现频率> 15% 的优势种与水体理化环境进行相关性分析。经统计,共选取符合上述标准的 20 种优势种进行 RDA 分析。其中蓝藻门 3 种(平裂藻、色球藻、伪鱼腥藻),硅藻门 11 种(脆杆藻、短缝藻、针杆藻、菱形藻、卵形藻、桥弯藻、小环藻、曲壳藻、异极藻、直链藻、舟形藻),绿藻门 4 种(小球藻、衣藻、栅藻属、四尾栅藻),裸藻门 1 种(裸藻),隐藻门 1 种(隐藻)。

使用交互式前向选择分析对湿地公园浮游植物优势种优势度与 10 个理化因子(*DF*=10)相关性进行冗余分析(RDA 分析)[图 5-3(a)],置换检验结果显示第一轴(pseudo-*F*=14.0,*P*=0.002)和所有轴(pseudo-*F*=3.3,*P*=0.002)均呈极显著差异,表明 RDA 分析结果可信。10 个环境变量对浮游植物优势种优势度的总解释量为 37.2%,其中轴一包含了 20.29%的优势种优势度变化信息(表 5-7)。DO 和 NH_3-N 与轴一呈正相关性,PAR、UVA、UVB 和 WT 与轴一呈较强的负相关性;TP、ORP 和 Turbidity 与轴二呈正相关性,pH 与轴二呈负相关性。

表 5-7　浮游植物优势种优势度与环境因子间冗余分析统计参数

统计数据 Statistic	Axis 1	Axis 2	Axis 3	Axis 4
特征值 Eigenvalues	0.2029	0.0888	0.0422	0.018
解释变异(累计)Explained variation (cumulative)	20.29	29.17	33.39	35.2

（续表）

统计数据 Statistic	Axis 1	Axis 2	Axis 3	Axis 4
相关性 Pseudo - canonical correlation	0.7317	0.6472	0.6099	0.5887
解释拟合变异(累计)Explained fitted variation (cumulative)	54.51	78.38	89.72	94.56

将前向选择分析(Forward selection)纳入的 10 个环境因子作为单独的解释变量做 RDA 分析，蒙特卡洛置换检验结果表明对浮游植物优势种优势度产生显著性影响的环境因子按照大小排序依次为 WT、UVB、UVA 、PAR、DO 和 TP(表 5 - 8)。

表 5 - 8 环境因子单独解释效应(Simple Effects)的解释量及显著性检验

环境因子 Environmental factor	解释量(%)	pseudo - F	P
WT	16.9	13	0.002
UVB	13.7	10.1	0.002
UVA	13.6	10.1	0.002
PAR	11.4	8.2	0.002
DO	7.2	4.9	0.002
TP	5.3	3.5	0.014
pH	3.2	2.1	0.072
ORP	2.5	1.6	0.15
Turbidity	1.6	1	0.346
NH_3-N	1	0.7	0.64

考虑环境因子间存在交互效应，经蒙特卡洛置换检验，环境因子的条件解释效应(Conditional Effects)中，WT、TP、UVB、DO 和 Turbidity 是显著影响浮游植物优势种优势度的环境因子(所有 $P<0.05$)(表 5 - 9)，对浮游植物优势种优势度变化的总解释量为 30.4%。WT、TP、UVB、DO 和 Turbidity 的单独解释量分别为 16.9%(pseudo - F=13，P=0.002)，5.3%(pseudo - F=4.3，P=0.004)，3.3%(pseudo - F=2.8，P=0.016)，2.5%(pseudo - F=2.2，P=0.048)和 2.4%(pseudo - F=2.1，P=0.044)。选取 WT、TP、UVB、DO 和 Turbidity 作为解释变量，进行 RDA 重分析[图 5 - 3(b)]，上述解释变量对浮游植物优势种优势度变化的总解释量为 30.3%，WT 和 UVB 与第一排序轴呈负相关性，TP 和 Turbidity 与

第二排序轴呈正相关性。总体上，第一、四象限优势藻类优势度主要在低的 UVB 和 WT 下相对较高，第一、四象限多数优势藻类优势度与 TP、Turbidity 和 DO 呈正相关性，第二、三象限优势藻类优势度与 UVB 和 WT 呈正相关性[图 5－3(b)]。

表 5－9 环境因子条件解释效应(Conditional Effects)的解释量及显著性检验

环境因子 Environmental factor	解释量 (%)	pseudo－F	P
WT	16.9	13	0.002
TP	5.3	4.3	0.004
UVB	3.3	2.8	0.016
DO	2.5	2.2	0.048
Turbidity	2.4	2.1	0.044
ORP	2.5	2.1	0.056
PAR	1.2	1	0.4
UVA	1.1	0.9	0.458
NH_3－N	1.2	1.1	0.354
pH	1	0.9	0.424

不同季节浮游植物优势种优势度分类排序图显示，四个季节浮游植物优势种优势度间存在一定的相似性(重叠)。总体上，夏、秋季节浮游植物种优势种优势度分布相似度较高，春、冬季节浮游植物优势种优势度均与其他各季节存在一定差异[图 5－3(c)]，而不同采样站点间浮游植物优势种优势度无明显差异[图 5－3(d)]。

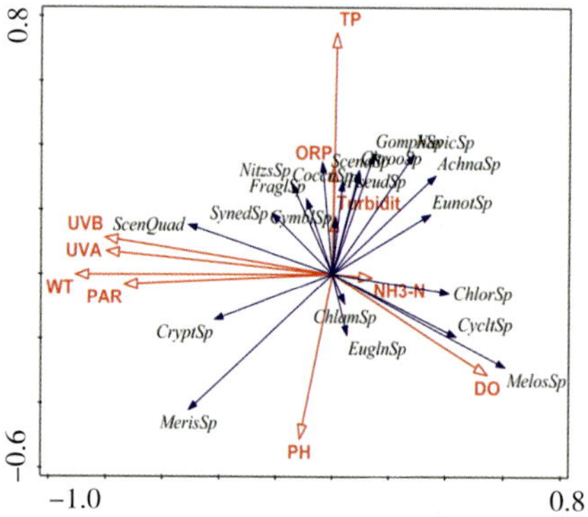

(a) 浮游植物优势种优势度与10个理化因子间冗余分析

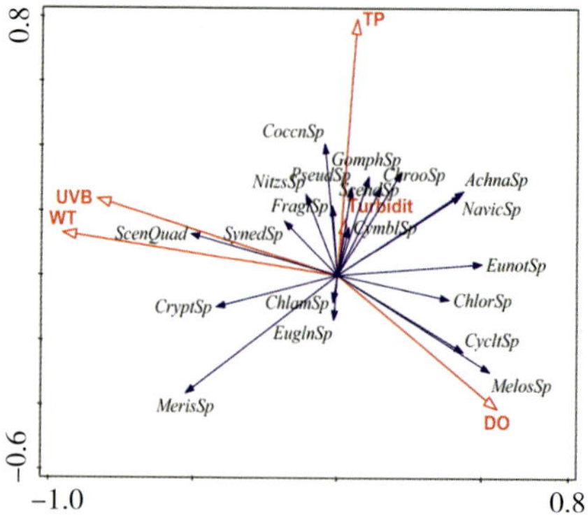

(b) 环境变量交互作用预选择RDA排序图

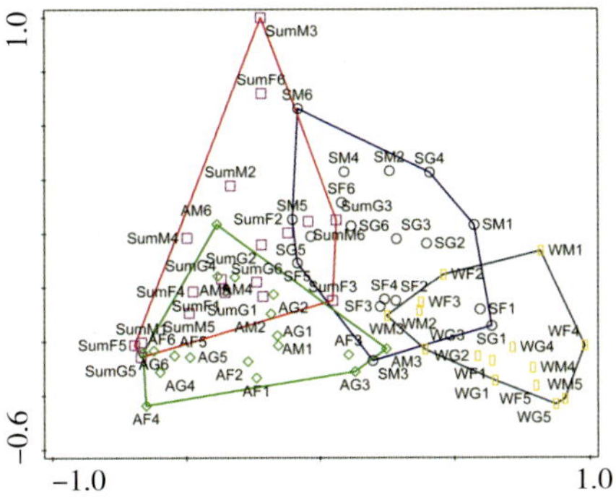
(c) 不同季节样本分布图

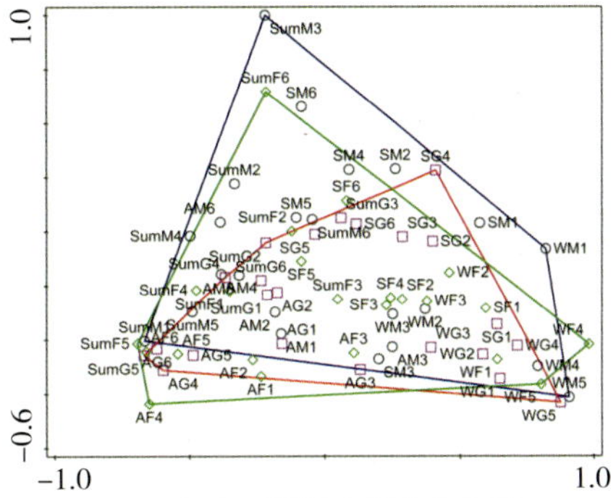
(d) 不同站点样本分布图

图 5-3　浮游植物优势种优势度与 10 个理化因子间冗余分析(RDA)排序图

注:S 表示春季,Sum 表示夏季,A 表示秋季,W 表示冬季;F 表示翻板坝,M 表示梅林,G 表示广宇,例如:SumF 表示夏季一翻板坝。

四、影响浮游植物群落结构的关键环境因子

对调查期间浮游植物丰度、种类、优势种优势度与主要环境因子进行相关性分析(RDA),其总体结果表明,水温(WT)、溶解氧(DO)、总磷(TP)、氧化还原电位(ORP)、浊度(Turbidity)以及 UVB 是影响屯溪三江省级湿地公园浮游植物群落结构组成、变动的关键环境因子。

第六章 屯溪三江省级湿地公园水质综合评价及管理、保护对策

一、屯溪三江省级湿地公园水质综合评价

本研究对屯溪三江省级湿地公园起点、中段、末端开展了为期一年的水体理化指标及浮游藻类监测，结果表明水体理化参数指示的水质状况处于较优水平，以Ⅰ、Ⅱ类（优、良以上）水质占比较高。这一结果与水体浮游藻类生物学信息（低的富营养化水平、高的多样性水平，综合表现为轻度污染、无污染；污染指示种表征以乙型中污-微污型水为主）指示的水质状况具有较好的一致性。

综合结果表明，以水体理化参数监测结果为基础，浮游植物生物学信息进一步补充、完善了该湿地水质健康状况的评价体系。生物学参数对水化学参数反映的水质评价结果起到强化和支撑作用，形成了针对该湿地公园的立体化监测与评价方法。水生藻类作为对水体理化环境变动的长期、综合响应，在水质监测与水质健康状况评价环节更具生态意义和应用价值。

二、水质监测的现状及存在的问题

1. 水质监测现状

水生态环境监测与保护是我国生态文明建设的重要内容之一。人类活动影响下，我国淡水水体（河流、湖泊）水环境污染问题不断加剧，水质恶化风险在多个流域都将长期存在。科学评估水生态系统状况（水质状况、水体理化环境变动、水生生物群落结构组成等），保护饮用水水源地，是保障人民群众生命健康、关系国计民生的大事。

当前，淡水水体环境风险监测、评价及预警等问题已成为我国水生态环境保护

的重要内容。我国针对水环境质量监测与评价以及水质项目分析的方法，主要以水化学参数分析为主，其中《地表水环境质量标准》(GB 3838—2002)是重要的参考依据。该标准根据地表水水域功能和保护目标，将地表水环境质量标准基本项目标准分为五类(Ⅰ、Ⅱ、Ⅲ、Ⅳ、Ⅴ)，各检测项目在各水质类别下分别有对应具体限值。地表水环境质量标准基本项目主要包括 pH、溶解氧、高锰酸盐指数、COD、BOD、氨氮、总磷、总氮、重金属等 24 类，通过使用单因子评价方法，对水质达标情况进行分析、说明。

近期发布的我国《"十四五"国家地表水监测及评价方案(试行)》[环办监测(2020)3 号]，对地表水水质监测与水质评价指标进行了优化调整，并于 2021 年 01 月 01 日起实施。其中，水质监测指标使用"9＋X"模式("9"指水温、pH、溶解氧、电导率、浊度、高锰酸盐指数、氨氮、总磷、总氮；"X"为上一年及当年出现过的超过Ⅲ类标准限值的指标)，水质评价指标使用"5＋X"模式("5"指 pH、溶解氧、高锰酸盐指数、氨氮、总磷，"X"同上)。

国际上对水质状况的分析评价，多数也是基于水体关键化学指标。例如被加拿大、美国、阿根廷、韩国、比利时、波兰、印度、巴基斯坦、南非等国家相关机构或科研工作者所采用的 CCME WQI 指数(0～100 分)，该指数基于测定水体理化参数的标准限值(未达标项目的比例、未达标参数比例等)按照一定的方式进行计算获得。根据分数对水质分成五个等级(95～100：Excellent；80～94：Good；65～79：Fair；45～64：Marginal；0～44：Poor)。

除通过水化学方法对水质进行分级评价以外，水体生物学参数通常是水质健康状况更为直观的反映。水生生物构成水生态系统生物成分，是水质污染及其效应的受体，其群落结构组成与变动规律可反映水体受污染后的综合生态效应以及长期累积效应。运用水生生物学信息对水质监测与评价，其获取的结果相较于水化学监测方法的即时性、变动性(日变动、季节变动等)，具有整体性、全面性特点。在探讨水质状况与水生生物间相互关系的研究中，通过水生生物学(例如，大型水生无脊椎动物、水生藻类等)参数对水质进行评价、分级，在水域生态学研究中已有一定的应用，并形成了一定的评定方法。

基于藻类生物学信息反映水质的研究已有一定的报道。例如通过使用基于藻类种属数量与丰度水平或者依据种类、丰度计算的藻类多样性指数(Shannon - Wiener 指数、Simpson 指数、Margalef 指数等)，通过水体初级生产量、生物量、叶绿素 a 浓度等方式对水体营养类型进行评价、基于浮游(P - Ⅰ BI)或着生藻类(Be - Ⅰ BI)的生物完整性评价；通过污染指示种类、浮游植物功能群等藻类生物学信息对水体污染状况及生境类型进行划分。近年来，在河流健康评价方面，结合水文、水体理化参数以及水生生物，从河流整体出发进行水环境健康评价逐渐受到重视，例如针对国内部分流域有一定的研究开展，但尚未形成系统、完善的规范。

2. 存在的问题

长期以来新安江流域常规的水质监测多基于水化学，对流域水生藻类组成及变动的基础生物学信息缺乏足够的了解，将水生藻类群落的动态变化作为水质污染风险监控与评价的评判依据尚未有系统研究开展，这与环境因子调控水生藻类群落结构的规律需要长期观测数据支持有一定关系。此外，基于水生藻类学的水生态环境调查也需要专门的分类学人才（例如，藻类分类学），然而，当前从事经典分类学学习和研究的人才较为匮乏，是我国乃至世界各国都存在的问题。

当前对新安江流域下游水库浮游植物的研究已有一定的报道，我们前期初步的调查研究表明新安江流域（安徽段）浮游植物类群丰富（以绿藻门、硅藻门、蓝藻门为主），但有关流域典型水体（例如，湿地）浮游植物及底栖藻类群落结构组成、变动规律的基础研究较少，探讨水环境变化如何调节流域内自然群落的种群结构演替、通过水生藻类评价水质健康状况，目前尚没有具体、系统的研究开展。

新安江流域水生藻类多样性等基础生物学信息的匮乏，为流域水生态环境风险监控、应急决策响应以及水环境保护与水污染治理带来了一系列的问题。对新安江流域不同季度、不同断面水生藻类群落结构与关键水环境因子进行长期、持续监测，获得基础生物学数据，结合统计学分析对流域水质及水生态健康状况进行评价，探究调控流域浮游植物群落演替的主要环境因子，是立体化监控流域内生态系统的安全、保护以及水环境污染治理所需要解决的关键问题。

三、水质监测、管理与保护对策

新安江流域是习近平总书记亲自倡导推动的全国首个跨省（横跨安徽、浙江两省）生态补偿试点区，全长约 230 千米，是安徽省内仅次于长江、淮河的第三大水系，具有重要生态意义与示范作用。湿地公园是新安江流域水生态保护的标杆，水体浮游植物多样性水平及其群落变动规律是湿地公园水质状况、水体景观、湿地生态系统的重要观测指标。探讨湿地公园浮游植物群落结构与水体关键环境因子之间的关系，具有重要的生态学意义。

鉴于水生藻类在水环境生态系统中的重要作用（生物指示作用，是有毒有害物质释放的来源、水质进一步恶化的根源等），从水体污染风险监控与风险评价的角度，开展长时间尺度、多断面的持续、稳定观测显得尤为必要。具体可通过以下措施。

（1）完善水生态监测制度、政策的顶层设计

在制度层面，需进一步明晰水质监测的主管领导部门、相关协作部门的任务职责；通过与科研院所、高校相关专业开展广泛的合作研究，科学论证适合流域特点的水质监测内容和方法，完善水生态监测技术规程与制度，提升水生态监测能力和水平。针对当前流域水生态、水资源监测与保护基础工作薄弱的现状，以流域具有代表性的湿地公园为试点，通过出台相关政策、配套财政拨款等方式予以支持。

（2）制订符合流域特点的水质监测方案

充分认识水生生物监测在水质健康状况评估与水生态环境监测与保护中的重要地位。例如，以常规水体理化监测为基础，将水生生物（尤其是水生藻类）监测纳入屯溪三江省级湿地公园生物多样性监测常规监测体系。在浮游藻类监测基础上，进一步整合底栖生物类群（例如，底栖藻类等）的调查与监测工作，不断积累基础数据，掌握浮游、底栖藻类群落动态演替规律，获取藻类生物学关键信息（关键类群组成、多样性、污染指示种类、功能群等），从而为构建湿地公园生物多样性监测及水体健康评价的本底数据库奠定基础，填补黄山市湿地公园水生藻类多样性基础本底数据缺失的空白。

（3）构建科学、合理的水生态健康评价方法和评价体系

在对影响藻类生长、光合等关键理化因子（例如 pH、水温、营养盐、溶解氧、可见光和紫外线等）开展长时间尺度（年际变动）、全流域覆盖监测的基础上，运用统计学方法，构建基于水化学与水生藻类（浮游及底栖）生物完整性的评价体系。明晰流域群落演替规律，建立水质状况与水生藻类关键参数间的关系，为客观分析、评价流域水体营养与健康状况提供基础数据，进而为新安江流域水生态安全风险预警与应急决策响应提供理论依据。通过构建湿地公园的水资源、水环境及水生态（“三水”）科学、全面、完善的监测与管理体系，逐步形成覆盖整个新安江流域的水生态系统健康状况评价方法与评价体系。

构建并应用基于水化学以及水生生物学的新安江流域水生态环境立体化监测与评价体系，可为丰富、完善水质监测途径，有效预判水体生态系统健康状况提供系统、科学的方法，从而为我省深入贯彻落实习近平生态文明思想，进一步创建系

统、完善的国家生态文明试验区提供理论依据。作为习近平总书记亲自倡导推动的我国首个跨省流域生态补偿试点区，以新安江流域为蓝本，尝试建立依托水化学和水生生物学的水生态环境立体化监测、评价体系，形成可复制的经验并应用于全国各流域水质监控，将是“新安江范式”在实际应用中不断改进、创新的重要举措，无论是对基础生物学数据信息的收集与获取，还是对水质监控途径的丰富和完善，都具有较高的战略意义和生态示范价值。

下篇

屯溪三江省级湿地公园浮游植物图谱

第七章　蓝藻门 Cyanophyta

蓝藻为单细胞、丝状或非丝状群体。非丝状群体有板状、中空球状、立方体等各种形态，但多数为不定型群体，群体常具一定形态和不同颜色的胶被。丝状群体由相连的一列细胞组成，藻丝具胶鞘或不具胶鞘，藻丝及胶鞘合称“丝状体”，每条丝状体中具 1 条或数条藻丝。藻丝宽度一致或一端或两端明显尖细，藻丝具有分枝或假分枝，假分枝由藻丝的一端穿出胶鞘延伸生长而形成。

蓝藻细胞无色素体和真正的细胞核等细胞器。原生质体常分为外部色素区和内部无色中央区。同化产物以蓝藻淀粉为主，还含有藻蓝素颗粒体。无色中央区含有遗传物质，但无核膜和核仁。有些种属的少数营养细胞分化形成异形胞，异形胞比营养细胞大，细胞壁厚，内含物稀少，在光镜下无色透明，异形胞内含丰富的固氮酶，是这些类群细胞固氨的场所。某些类群细胞内含有气囊，由于折光原因，在显微镜下呈黑色、红色或紫色。气囊具有遮光和漂浮的功能。

蓝藻的繁殖方式常为细胞分裂。单细胞类群有的只有一个分裂面，有的有两个分裂面，有的甚至有三个分裂面；丝状类群除细胞分裂外，藻丝还能形成“藻殖段”。蓝藻生长在各种水体或潮湿土壤、岩石、树干及树叶上，不少种类能在干旱的环境中生长繁殖。水生类群常在含氮较高、有机质丰富的碱水体中生长。

本图集共拍取蓝藻门 1 纲 6 科 9 属 10 种。

蓝藻纲 Cyanophyceae

色球藻目 Chroococcales

聚球藻科 Synechococcaceae

棒胶藻属 *Rhabdogloea*（图版 Ⅰ-1）

群体微小，漂浮，或者混杂于其他浮游-藻类中；群体胶被不明显，无色；细胞细长，圆柱形，两端狭而长，直出，或多或少作螺旋状绕转，S形，或不规则弯曲；单细胞或由少数以至多数细胞聚合于柔软而透明的群体胶被中；细胞的原生质体均匀，呈淡蓝绿色至亮蓝绿色；细胞分裂为与纵轴垂直的横裂。

隐球藻属 *Aphanocapsa*（图版Ⅰ－1）

植物体为由2个至多数细胞组成的群体，群体呈球形、卵形、椭圆形或不规则形，小的仅在显微镜下才能见到，大的可达几厘米，肉眼可见；群体胶被厚而柔软，呈无色、黄色、棕色或蓝绿色；细胞球形，常常两个或四个细胞一组分布于群体中，每组间有一定距离；个体胶被不明显，或仅有痕迹；原生质体均匀，无假空胞，浅蓝色、亮蓝色或灰蓝色；细胞有3个分裂面。

平裂藻科 Merismopediaceae

平裂藻属 *Merismopedia*（图版Ⅰ－1、图版Ⅰ－2）

群体小，由一层细胞组成平板状；群体胶被无色、透明、柔软；群体中细胞排列整齐，通常两个细胞为一对，两对为一组，四个小组为一群，许多小群集合成大群体，群体中的细胞数目不定，小群体细胞多为32～64个，大群体细胞多可达数百个以至数千个；细胞为浅蓝绿色、亮绿色，少数为玫瑰红色至紫蓝色；原生质体均匀；细胞有两个相互垂直的分裂面，群体以细胞分裂和群体断裂的方式繁殖。

本属多为浮游性藻类，零散地分布于水中，为屯溪三江省级湿地公园主要优势种类。

旋折平裂藻 *Merismopedia convoluta* Breb,1950

群体较大，有时目力可见，呈板状或叶片状；幼年期群体平整，以后因细胞不断分裂而逐渐增大面积，其群体可弯曲甚至边缘部卷折；细胞为球形、半球形或长圆形，原生质体均匀，蓝绿色。

一般生长于各种静水水体，如湖泊、池塘、水洼和稻田中，繁殖旺盛时，可在水面形成橄榄绿色的膜层，漂浮于水面，但常混杂于其他藻类间，数量也少。

色球藻科 Chroococcaceae

色球藻属 *Chroococcus*（图版Ⅰ－2）

植物体少数为单细胞，多数为2～6个以至更多（很少超过64或128个）细胞组成的群体；群体胶被较厚，均匀或分层，透明或黄褐色、红色、紫蓝色；细胞球形或半球形，个体细胞胶被均匀或分层；原生质体均匀或具有颗粒，灰色、淡蓝绿色、蓝绿色、橄榄绿色、黄色或褐色，气囊有或无；细胞有3个分裂面。

本属种类为屯溪三江省级湿地公园主要优势种类。

颤藻目 Osillatoriales

伪鱼腥藻科 Pseudanabaenaceae

伪鱼腥藻属 *Pseudoanabaena*(图版Ⅰ-3)

藻体呈丝状体;藻丝单生或聚合呈很细的、胶状的垫,直线略呈波状或弯曲;不很长,无分枝,宽0.8~3 μm,由圆柱形细胞组成,细胞横壁处常略收缢,幼丝体横壁不清晰,无硬的鞘,有时具薄的、无色的、水溶性的、窄的胶被(染色可见),藻丝末端不渐细。细胞为圆柱形,常长大于宽,但有时具单个颗粒,或气囊聚合呈气囊群,位于细胞末端,末端细胞为圆柱形,顶端钝圆或多少圆锥状到盾形或尖锐。细胞分裂面垂直于丝体长轴,子细胞长到母细胞大小时进行下一次分裂,藻丝解裂(几个单细胞或少数几个细胞段)进行繁殖,不形成死细胞。该属的某些种类会产生藻毒素,为屯溪三江省级湿地公园主要优势种类。

颤藻科 Oscillatoriaceae

颤藻属 *Oscillatoria*(图版Ⅰ-3、图版Ⅰ-4)

原植体为单条藻丝或由许多藻丝组成皮壳状和块状的漂浮群体,无鞘,或很少具极薄的鞘;藻丝不分枝,直或扭曲,能颤动,横壁处收缢或不收缢,顶端细胞多样;末端增厚或具帽状体;细胞短柱形或盘状。原生质体均匀或具颗粒,少数具假液胞;以藻殖段繁殖。

在淡水、海水、温泉、污水及潮湿土壤中皆生长。

螺旋藻属 *Spirulina*(图版Ⅰ-4)

藻丝粗细一致,两端不渐尖细,顶部多宽圆,无顶冠,丝外无胶鞘,有规则地或螺旋状弯曲;藻丝内不能清晰见到是否有横壁,或者并不存在横壁而全体只是一个细胞。

大螺旋藻 *Spirulina major* Kütz,1843

单细胞,无横壁,有规则地螺旋弯曲,蓝绿色或黄色;生长于静止或流动的水体,潮湿土壤上,盐湖水体混生在其他藻类中。

节旋藻属 *Arthrospira*(图版Ⅰ-4)

藻丝粗细一致,两端不尖细,顶多宽圆,无顶冠,外无胶鞘,有规则地或螺旋状弯曲;藻丝明显因有横壁而被确认为多细胞个体。

藻丝多细胞，圆柱形，无鞘，松弛而规律地卷曲，通常具相对大的直径和大的螺旋，顶端略或不尖细，顶端细胞钝圆，具或不具帽状结构；横壁明显，常收缢；生长于湖泊、池塘。

念珠藻目 Nostocales

念珠藻科 Nostocaceae

长孢藻属 *Dolichospermum*(图版Ⅰ-4)

藻丝等极，分节(异形胞位置的分布)，细胞横壁具收缢，无硬的鞘，有时具薄的、水溶性的胶质包被，藻丝的生长在理论上是无限的；顶端细胞形态学上与营养细胞相同，无分化，都能进行分裂；生长时期的细胞都具有气囊群，遍布于整个细胞，在显微镜下可见；异形胞间位，单个(例外成双的)，由营养细胞在分节的位置分化形成；厚壁孢子系副异形胞类型，单生到 5 (6)个一列，它们向异形胞方向连续发育形成，常由 2 至几个相邻营养细胞融合后形成，成熟的厚壁孢子常比营养细胞大 3 倍或更多倍，所有形态种营养时期都是漂浮的，从不在基质上形成着生的垫状，藻丝单生成小的丛簇。

第八章　金藻门 Chrysophyta

金藻门中自由运动种类为单细胞或群体，群体的种类由细胞放射状排列呈球形或卵形体，有的具透明的胶被，不能运动的种类为变形虫状、胶群体状、球粒形、叶状体形、分枝或不分枝丝状体形、细胞球形、椭圆形、卵形或梨形。运动的种类细胞前端具1条、2条等长或不等长的鞭毛，对于具2条鞭毛的种类，短的1条为尾鞭型，仅由轴丝形成，没有绒毛，长的1条为茸鞭型，细胞裸露或在表质覆盖许多硅质鳞片（scales），硅质沉积在1个特殊的囊内，称硅质沉积囊，硅质鳞片在位于与叶绿体表面相邻的硅质沉积囊中形成，鳞片具刺或无刺，有的种类具2种不同形状鳞片，鳞片和刺的形状是具硅质鳞片种类的主要分类依据，有的原生质外具囊壳；不能运动的种类具细胞壁，壁的组成成分以果胶质为主，具1～2个伸缩泡，位于细胞的前部或后部；细胞无色或具色素体，色素体周生，片状，1～2个，光合作用色素主要由叶绿素a、叶绿素c、胡萝卜素和叶黄素组成，由于胡萝卜素和岩藻黄素在色素中的比例较大，常呈金黄色、黄褐色、黄绿色或灰黄褐色，色素体内具3条类囊体片层近平行排列，有裸露的蛋白核或无，其表面没有同化产物包被，具数个亮而不透明的球体，常位于细胞的后部，光合作用产物为金藻昆布糖（chrysolaminaria）、金藻多糖（leucosin）和脂肪。运动种类具眼点或无，眼点1个，位于细胞的前部或中部，具数个液胞，细胞核1个，位于细胞的中央。

本图集共拍取金藻门2纲2科3属3种。

金藻纲 Chrysophyceae

色金藻目 *chromulinales*

锥囊藻科 Dinobryonaceae

金杯藻属 *Kephyrion*（图版Ⅱ-1）

植物体为单细胞，自由运动或着生；原生质体外具囊壳，囊壳卵形或纺锤形，其前端具1个宽的开口，囊壳壁平滑或具环状花纹，无色或黄色，原生质体几乎充满囊壳的较下部分，1条长鞭毛从囊壳前端开口伸出，其基部具1个伸缩泡，短鞭毛在光学显微镜下不能观察到，色素体周生、片状，1个，金黄色，常具1个眼点，细胞核1个，具金藻昆布糖和颗粒状油滴。

营养繁殖为囊壳内的原生质体纵分裂成2个，其中的1个从囊壳逸出，形成新个体；孢囊在囊壳内形成；有性生殖在数个种中观察到为同配。

一般生长在小水体中，较常见。

黄群藻纲 Synurophyceae

黄群藻目 Synurales

鱼鳞藻科 Mallomonadaceae

锥囊藻属 *Dinobryon*（图版Ⅱ-1）

植物体为树状或丛状群体，浮游或着生；细胞具圆锥形、钟形或圆柱形囊壳，前端呈圆形或喇叭状开口，后端锥形，透明或黄褐色，表面平滑或具波纹；细胞为纺锤形、卵形或圆锥形，基部以细胞质短柄附着于囊壳的底部，前端具2条不等长的鞭毛，长的1条伸出在囊壳开口处，短的1条在囊壳开口内，伸缩泡1个到多个，眼点1个，色素体周生、片状，1～2个。

此属是湖泊、池塘中常见的浮游藻类之一，一般生长在清洁、贫营养的水体中。

鱼鳞藻属 *Mallomonas* Perty（图版Ⅱ-1）

藻体为单细胞，自由运动。细胞为球形、卵形、椭圆形、长圆形、圆柱形、纺锤形等。细胞覆盖许多硅质鳞片，绝大多数种类的鳞片具刺毛，少数无刺毛，鳞片和刺毛均为内生起源，从硅质沉积囊释放出后刺毛根用弹性带(elastic band)连接到鳞片，鳞片单个连续释放，每个鳞片移到细胞表面，鳞片的边缘以覆瓦状重叠连接形成完整的硅质壳体，鳞片的远轴端通常是尖的，以便于刺毛从壳体伸出。在绝大多数种类中，鳞片的纵轴与细胞的纵轴多少斜向，鳞片呈螺旋状排列；在有些种类中，体部鳞片纵轴的右角对细胞的纵轴，鳞片呈轮状排列；在很少数种类中，鳞片的纵轴与细胞的纵轴平行，鳞片呈直向排列；仅 *Mallomonas retrorsa* 的鳞片是向后排列的。每个细胞的鳞片的平均数是不同种类的一个特征，在27个鳞片到150个鳞片之间变化。细胞前端具2条鞭毛，1条长的为侧茸鞭型鞭毛，另1条短的为平滑鞭毛，侧茸鞭型鞭毛具有2列管状、由三部分组成的绒毛，有的种类鞭毛具很小的环状鳞片。短的平滑鞭毛绝大多数常退化，成为很短的根，少数种类平滑鞭毛几乎与侧茸鞭型鞭毛有相同的长度，短的平滑鞭毛具有 1 个色素膨大物，认为是光合接受器，但不具有眼点。细胞核 1 个，位于细胞的中部，一个明显的金藻昆布糖液泡多位于细胞核下端，光合作用产物为金藻昆布糖，伸缩泡 3 个到多个，位于细胞的后端。

生长在稻田、水坑、池塘、湖泊、水库、湿地和沼泽中，少数存在于溪流、河流中。

第九章 硅藻门 Bacillariophyta

细胞单生或连成链状、带状、丛状、辐射状等群体，浮游或着生；着生种类常具胶质柄或包被在胶质团或胶质管中。细胞壁除个别种类外，均高度硅质化，形成上、下两壳，以壳环带套合形成一个硅藻细胞（称为壳体）。硅藻的色素体主要含有叶绿素 a 和叶绿素 c，β-胡萝卜素，以及墨角藻黄素，同时还有 α-胡萝卜素、硅甲黄素和硅藻黄素，所以颜色呈黄绿或黄褐色。同化作用的贮存产物主要是金藻昆布糖和油脂。生殖方法以细胞分裂为主，此外，还以复大孢子、小孢子和休眠孢子以及由产生具鞭毛的配子或其他有性方式等进行繁殖。

硅藻的种类繁多，分布极广，无论在淡水、半咸水、海水中还是在陆地潮湿土表、湿藓丛、岩表、树皮及土壤中，一年四季皆能生长、繁殖。在温度低的地区，如寒带、温带、高原及高山等，尤其在温带地区的春季，硅藻的种类及数量均多。在夏、秋之间的高温季节，许多硅藻也能在淡水湖泊中大量繁殖。在水温高达 40 ℃的温泉中，某些硅藻也能正常地生长。

本图集共拍取硅藻门 2 纲 10 科 18 属 31 种。

中心纲 Centricae

圆筛藻目 Coscinodiscales

圆筛藻科 Coscinodiscaceae

直链藻属 *Melosira*（图版Ⅲ-1、图版Ⅲ-2）

藻体由壳盘边缘小刺或由胶质将壳面相互连成链状群体。壳体为圆柱形，极少为圆盘形、椭圆形和球形。壳面由圆形的壳盘和壳套两部分组成。许多种在壳套近边缘处有环沟（sulcus），纵切面观环沟呈“V”字形或“U”字形。有时从环沟的基部向壳体内部长出无花纹的环状体(ring)或隔片(septum)。壳套的边缘和环沟之间的部分通常无特殊构造,称为颈(collum)。同一壳体的上、下两壳以及壳套边缘直接相互连接,大多数的种类只在细胞分裂时形成环带。由壳盘的顶部到壳套的边缘的这一长度称为壳面的高度(在描述种时经常仅记述一个壳面,即半个细胞的高度)。有的种类形成领状的间生带,这种间生带沿壳套的边缘处发育成环状体。群体的细胞间以壳盘相互联结,因此,如果壳盘是凸起的,则相邻的细胞之间就形成深入的沟槽,称为假环沟(pseudosulcus),它的光学镜截面通常呈"V"字形。

壳盘面上的构造通常由细点纹或粗点纹组成,点纹在壳盘面上呈辐射状排列,有时呈切向排列或为无序的,而在壳套上则呈直列(平行于壳体的贯壳轴)、螺旋列或交叉状。某些种类如颗粒直链藻[*M. granulata* (Ehr.)Ralfs]的群体中,有些细胞的构造与其他细胞不同,位于两端的称为端细胞。有些种类的群体细胞,在形态上表现出明显的多型性。壳盘面平坦或凸起,其边缘常具细齿或有的种类具呈薄片状的环状脊或称龙骨(keel)。色素体多数,小盘状,通常贴近壳套。

本属为淡水中广泛分布的一个属,主要为浮游生活,多数种类是普生种,但也有少数种分布范围狭小而不易见。常出现在内陆水体、河口等环境以及陆相沉积物中,为屯溪三江省级湿地公园主要优势种类。

颗粒直链藻 *Melosira granulate* (Ehr.) Ralfs,1861

壳体圆柱形,连成紧密的链状群体;壳套面环状,壳壁略薄而均匀;假环沟窄;无环沟和颈部;内外壳套线平行;在分辨率高的显微镜下能观察到外壁上有极细的点纹,其间并散生略粗的点纹,并可见壳缘有齿。壳盘面平坦,盘缘向下弯曲,具极细的齿。

生长在各种类型的内陆水体或泥中,常在夏天的富营养型湖泊或中污染水体中大量出现,是有机污染水体的指示生物。喜微碱或碱性,偶然性浮游,pH 幅度为 6.4～9.0,适宜 pH 约为 8.5。

颗粒直链藻极狭变种 *Melosira granulate* var. *angustissima* O. Müller,1899

此变种与原变种不同,为链状群体,细而长,壳体高度大于直径的几倍到 10 倍。点纹 10 μm 内 10～14 条。

生长在江河、湖泊、水库、池塘中,在富营养湖泊或池塘中大量出现,浮游,pH 幅度为 6.2～9.0,喜碱性水体。国内外普遍分布。

变异直链藻 *Melosira varians* Agardh,1849

细胞彼此紧密连成链状群体;群体细胞呈圆柱形,壳盘面平,盘缘向下弯曲,具极细的齿;壳套面环状,壳壁略薄而均匀;假环沟狭窄,无环沟和颈部;内外壳套线平行;仅在分辨率高的显微镜下能观察到外壁具极细的点纹。

生长在各种浅水水体中,为偶然性浮游种类,常在夏天的富营养湖泊或中污染水体中大量出现,喜微碱性或碱性水体,pH 幅度为 6.4～9.0,适宜 pH 约 8.5,为有机污染水体的指示种类。国内外广泛分布。

小环藻属 *Cyclotella*(图版Ⅲ-2、图版Ⅲ-3)

细胞单生或借助于胶质或小棘连结成疏松的链状群体。壳体鼓形,壳面圆盘形,极少为椭圆形;呈切向波曲或同心波曲,极少平直;从纹饰结构上看有边缘区和中央区之分;边缘区具辐射状线纹或肋纹,中央区平滑或具点纹、斑纹;部分种类壳缘具小棘。带面少数种类具间生带。色素体多数,小盘状,贴近壳面。

生长在池塘、浅水湖泊、沟渠、沼泽、水流缓慢的河流及溪流中,大多数为浮游种类。广泛分布于淡水水体中,个别种类是喜盐的,仅少数种类纯海生,为屯溪三江省级湿地公园主要优势种类。

梅尼小环藻 *Cyclotella meneghiniana* Kützing,1844

单细胞,鼓形;壳面圆形,呈切向波曲;边缘区宽度约为半径的 1/2,具辐射状排列的粗而平滑的楔形肋纹,在 10 μm 内有 5～9 条(绝少到 12 条);中央区平滑或具细小的辐射状点线纹,绝少具 1～2 个粗点。

生长在湖泊、池塘、水库、河流中,在沿岸带水的草丛中附生、偶然性浮游或者真性浮游。淡水或半咸水,pH 幅度为 6.4～9.0,最适 pH 为 8.0～8.5,在清洁的贫营养到 α-中污性水体中均能生长,国内外广泛分布。

根管藻目 Rhizosoleniales

管形藻科 Solenicaceae

根管藻属 *Rhizosolenia*(图版Ⅲ-3)

细胞单生或连成直的、弯的或螺旋状的链状群体;壳体长圆柱形,直或略弯,细胞壁很薄,具规则排列的细点纹,在光学镜下常不能分辨;带面常呈鳞片状、环状或领状的间生带;壳面椭圆形或圆形,具帽状或圆锥状凸起,凸起末端延长成或长或短的刚硬的棘刺;色素体多数,小颗粒状或小盘状,少数种类为较大的盘状或片状。

在内陆水体中为湖泊、水库中常见的浮游种类。

羽纹纲 Pennatae

无壳缝目 Araphidiales

脆杆藻科 Fragilariaceae

星杆藻属 *Asterionella*(图版Ⅲ-3)

壳体长形,常形成(组成)星状群体,壳体在壳面或壳环面观都有大小不等的末端。没有出现隔片和间生带。壳面观一端比另一端大,头状。其他一端可能是头状或有所变异。壳面长轴是对称的。假壳缝窄,不明显。横线纹清楚。

本属以其壳体的群体形态,缺少隔片和间生带,无论壳面或是壳环在横轴向都是不对称的特点与其他属相区别。

本属为浮游生活。

华丽星杆藻 *Asterionella formosa* Hassall,1850

壳体组成(形成)星状群体,壳体彼此附着的两端比群体其他部分宽大。壳面线形,壳面末端逐渐变得较窄,末端头状,一端为粗状头状,另一端呈较小头状或不明显的头状;假壳缝很窄,常不明显。横线纹清楚,在 10 μm 内有 24～28 条。

淡水浮游种,常发现在水库、水田、潮湿的岩壁及富营养型湖泊中。

脆杆藻属 *Fragilaria*(图版Ⅲ-3、图版Ⅲ-4)

细胞以壳面周缘的小刺相连接成为长的带状群体,有的种类其群体中细胞的连接处产生狭长的裂缝,呈窗纹状,有些种类则报道是单生的。壳面线形、披针形到椭圆形,少数种类呈三角形或四角形,在中部常有缢缩或膨胀,两端钝圆呈小头状或喙状。无间生带和隔膜,但某些海生种和咸水种具间生带。细胞壁具横的均匀分布的细点状线纹。没有特殊的横肋纹。两个壳面均有假壳缝(Pseudoraphe),假壳缝窄或宽披针形。壳面大多数对顶轴和横轴对称。中央区有或缺如,或因中央区在单侧发育而对顶轴不对称。色素体为单个、片状或多个、小盘状。休眠孢子仅在几个海生种中知道。

本属种类淡水型占优势,常见于池塘、水沟、缓流的河流和湖泊等水体中。有些种类是海生型的,常在浮游生物中,特别在沿岸带。现生和化石种类都存在,为屯溪三江省级湿地公园主要优势种类。

针杆藻属 *Synedra*(图版Ⅲ-4、图版Ⅲ-5)

细胞单生或形成扇形到丛状,着生在他物上,罕见形成短的带,但不形成长的带状群体。壳环面为线形、长方形。壳面细长,为线形或披针形,有时具波状边缘,常在中部或两端凸透镜状加宽。两壳面皆有假壳缝(或轴区),窄,或有时为宽披针形。间插带和隔膜缺。中央区有或无。在壳面末端有或无黏液孔(胶质孔)。壳面通常具有细的横列点纹,此点纹在外壁为小孔,在内壁为筛膜。除少数种外,顶轴和横轴是对称的。不对称的少数种由于中央区在单侧发育而使顶轴不对称。

生活细胞中的色素体是可变的,淡水中的种色素体呈带状,海水中的种色素体呈颗粒状。

生长在池塘、沟渠、湖泊、河流中,浮游或者生在基质上,为屯溪三江省级湿地公园主要优势种类。

尖针杆藻 *Synedra acus* Kützing,1844

壳面披针形,中部宽,从中部向两端逐渐狭窄,末端圆形或近头状;假壳缝狭窄,线形,中央区为长方形,横线纹细、平行排列,在 10 μm 内有 10～18 条;带面为细线形。

生境及分布:生长在池塘、湖泊等各种淡水中。国内外广泛分布。

肘状针杆藻 *Synedra ulna* (Nitzsch.) Ehrenberg,1836

壳面线形至线形披针形,末端略呈宽钝圆形,横线纹较粗,10 μm 内有 8～12 条(多数为 10 条);假壳缝狭窄,线形;中心区为横矩形或无。带面为线形。

普生性种类。

拟壳缝目 Raphidionales

短缝藻科 Eunotiaceae

短缝藻属 *Eunotia*(图版Ⅲ-6)

细胞单生或由胶质连成带状群体。壳体的带面呈长方形或线形。有的具间生带(intercalary band),隔片(septum)缺如。壳体的壳面呈弓形或弯线形等,其背缘为(dorsal margin)拱形或波状弯曲,腹缘(ventral margin)略直或凹入。壳面两端的形状和大小相同。短壳缝位于壳面末端或近末端的端节上,斜向腹缘。端节的形状和大小随不同的种类而略有变化。中央节缺如。有的种类有清晰的线形假壳缝(pseudoraphe)紧贴着腹缘,与两个端节相连。线纹在壳面上通常呈平行排列,接近壳面的末端时则略呈放射状排列。在光学镜下线纹是由点纹或不明显的点纹相连排列而成的；在扫描电子显微镜（SEM）下，这些不明显的点纹实际上是由排列紧密的细小点纹所组成的。细胞内具 2 个大的片状色素体。短缝藻属为屯溪三江省级湿地公园主要优势种。

本属的种类为淡水种类，多在钙质及氯化物含量少的湖泊、河流及池塘等软水水体中出现；有些种类则附着于沼泽地的泥炭藓植物体上或温泉的石壁上，是寡污型及清洁水体中的常见种类。本属的种类呈明显的地理分布特点，有些种类在热带和亚热带地区生长，有的则在北部的寒带地区出现，但多数种类为广布种。

双壳缝目 Biraphidinales

舟形藻科 Naviculaceae

肋缝藻属 *Frustulia*（图版Ⅲ-6）

细胞单独生活或在胶质管、胶质块内。细胞为舟形。壳面披针形、菱形舟形或长菱形，末端钝圆。沿壳缝两侧各有一个隆起的平行硅质肋条，壳缝位于两肋之间，中央节和端节多少延长，延长的中央节正好是壳缝两侧的硅质条直至顶端与极节联合。壳面横线纹由点纹组成，平行或近辐射状排列，横线纹被纵条纹交叉似网格状。色素体有 2 个。有性的复大孢子由互换配子而成。

本属的种生活在淡水、半咸水和海水中。

微绿肋缝藻 *Frustulia viridula* (Bréb.) De Toni,1891

壳面为线形披针形，向两端稍微变狭，末端圆；横线纹很细、平行排列，横线纹和纵线纹在 10 μm 内为 26～30 条。

通常生长在低无机盐、低电导率的池塘、湖泊等水体中。

普通肋缝藻 *Frustulia vulgaris* (Thwait.) De Toni,1891

壳面为披针形到线形披针形，近两端明显变狭、呈喙状，中央节圆；横线纹很密，在中部的略疏、呈放射状，近两端向末端辐合，壳面中部在 10 μm 内有 24～25 条，在两端的在 10 μm 内可达 34 条。

生长在池塘、湖泊、流泉中。国内外普遍分布。

布纹藻属 *Gyrosigma*（图版Ⅲ-6、图版Ⅲ-7）

细胞壳环面观呈宽披针形，无间生带和隔片。壳面弯曲呈“S”形，常呈线形和披针形，从中部向两端逐渐变细，末端渐尖或钝（圆形）。壳面具细微的点纹，由点纹组成纵、横线纹并在壳面呈十字交叉构成布纹。轴区狭窄，“S”形，中央节略膨大。壳缝"S"形，具小的中央节和极节。布纹藻属的对称特点：顶轴(纵轴)弯曲呈"S"形，壳面轴和横轴呈平坦的直形。

生长在池塘、湖泊、流泉、河流中。国内外普遍分布。

尖布纹藻 *Gyrosigma acuminatum* (Kütz.) Rabenhorst, 1853

壳面披针形，略呈"S"形弯曲，近两端圆锥形，末端钝圆，中央区长椭圆形，壳缝两侧具纵线纹和横线纹十字形交叉构成的布纹，纵线纹和横线纹相等粗细，在 10 μm内有 16～22 条。

生长在湖泊、池塘、泉水、河流中。国内外广泛分布。

锉刀布纹藻 *Gyrosigma scalproides* (Rabenhorst) Cleve, 1894

壳面线形至舟形，从中部向两端很缓慢地渐狭微微弯曲略呈"S"形，末端狭圆形，通常近端处略有缢缩。轴区和壳缝在中线上，靠近末端略微偏心。中央节小，呈椭圆形。壳面点条纹在中节两侧为辐射状排列，其余点条纹与中线垂直，横条纹较纵条纹略明显。

生境：淡水，常生活在江河、湖泊、溪流、水库、水塘、稻田、水井、海泥以及潮湿土表等流水和静水环境中，在微咸水环境中也常见。

舟形藻属 *Navicula*(图版Ⅲ-7、图版Ⅲ-8)

细胞单个，罕有连成链状群体。舟状，多以壳面观出现，少数种因强烈的横向缩短而出现壳环面观。壳面形态多样，线形、披针形、椭圆形。少见菱形，末端圆形、钝形、楔形、喙状、头状。壳面平坦或弯曲，长稍微弯入壳套，有时出现一个短的硅质片(conopeum)，轴区和中心区因种类不同而异。壳面轴区中出现的壳缝简单或单一并延伸。壳缝在 SEM 下观察，壳缝呈裂缝状，有内、外之分，内裂缝在中央末端直和不膨大，无间断或连续，有些种类形成喇叭舌或螺旋舌。外裂缝中央末端简单或膨大形成孔状或钩状，极端简单至强烈的沟状。壳缝骨或胸骨是壳缝外侧的硅质增厚并包被着壳缝，常与壳缝平行，极节通常也加厚，无纹或少纹。壳面横线纹单列或少有双列的，除少数种类的线纹是肋纹状外，线纹基本都是由不同型的明显和不明显的点纹或疑孔纹组成的，疑孔往往复以膜而闭塞，罕有平滑的。横线纹呈平行、辐射状、聚集状排列。壳环面观呈长方形，由几个开口的常常是平滑或平坦带组成。每个细胞具 2 个壳环状色素体，位于顶轴的各边，每个色素体包含 1 个伸长细状的蛋白核。

本属种类极多，淡水、半咸水和海水种均有分布。此属淡水种类非常丰富，各种类型的水体中都有，多为沿岸带，底栖或丛生，少有浮游生，为屯溪三江省级湿地公园主要优势种类。

羽纹藻属 *Pinnularia*（图版Ⅲ－8）

羽纹藻的细胞单生，偶见连成带状或丝状群体。间生带（间插带）和隔膜缺如。据 Round 等（1990）的观察，壳环由少数开口带组成，第 1 带常最宽并具有 1 列伸长的疑孔（poroid）。此属的形状大小变化很大，小型类个体的长度仅有 11 μm 左右，大型类个体的长度可达 450 μm 左右。壳面舟状，具 3 条等极主轴，壳面平坦或壳缘弯至壳套。壳面线形、披针形、线状披针形、椭圆形和椭圆披针形，有时壳缘呈浪（波）曲状，末端头状、喙状或圆形。轴区和中心区清楚，窄线形或宽披针形，有的种类轴区非常发育，轴区的宽度可达壳面宽度的 1/3～1/2；中心区圆形、椭圆形、菱形，有的扩大直达壳缘形成横带，具中央节（central nodule）和端节（terminal nodule）。壳缝（raphe）发达，有简单的线（丝）状和复杂的双线扭曲或双螺旋的线条状，壳缝构造复杂，由外裂缝或外壳缝（external raphe fissures）、内裂缝或内壳缝（internal raphe fissures）、近缝端（proximal raphe end）、远缝端（terminal raphe end）、中央孔（central pores）等组成。沟（槽）（groove）、缝（raphe）或舌状缝（tongue raphe）普遍存在，在较大型种中常呈双螺旋状。某些较大型种的沟缝和舌状缝在位置上是互变的，以至于外裂缝具有一条特有的不规则的复合壳缝（complex raphe），内裂缝在壳面中心不是被中央节包围而是远离中央节一侧（边）。中央孔（central pore）位于近缝端，圆形（rounded）或滴状（点状）（drop－like），中央孔彼此间的距离随种而异，中央孔的分裂形成了沟。远缝端常分叉或直行或弯曲，呈“?”形（? shaped）、逗号形（comma － shaped）、刺刀形（bayonet － shaped）、卷边形（viridis－shaped）、镰刀形（sickle－shaped），有的弯曲至远缝端的一侧（边），在大型种类中，远缝端的茎部或极节出现一个喇叭舌（helictoglossa），缝端的其余部分通向远端的壳套中（SEM）。

壳面横纹随种类而异。小型的和壳壁薄的种类具线纹；大型的和壳壁厚或有双壁构造（组织）的种类，横纹由长室孔（alveoli）或隔室（chamber）构成。每个长室孔的外表层（外层）有数列圆形小眼纹或网纹（areolae），并在外表面排列成梅花形（quincunx 或 honeycomb）的花纹，梅花纹往往被一层薄膜覆盖，在光学显微镜（LM）下不易看清。长室孔的内壁由平滑的硅质板组成，其内层以一个横向长形孔或椭圆形开孔与细胞腔相通，长室孔及其内开孔的宽度随种类而异，开孔的两条侧面边缘在外壳面观显现为与横纹交叉的两条纵线。

羽纹藻属是一个较大的属，多数种类生活在淡水沿岸，尤其在低电解或低矿物水体环境中发育良好，只有不多或少数种类生活在咸水和海水中。

桥弯藻科 Cymbellaceae

双眉藻属 *Amphora*(图版Ⅲ-8、图版Ⅲ-9)

壳体明显地具背腹之分,在壳面观上其纵轴(即长轴或顶轴,apical axis)呈弯曲形,致使壳面两侧(即背与腹)不对称,但横轴(即短轴或切顶轴,transapical axis)呈直线,使壳面上下对称;对壳体的横切面(即切顶面)观察,其贯壳轴(pervalvar axis)也呈弯曲形,而使背腹也明显地不对称:背侧宽,腹侧窄,但上下是对称的。横切面观呈弯肠形、梯形或等边三角形。从壳体的背侧至腹侧依次为:带面背侧、背壳套及其剩余面(常称剩余面)、壳缝面和带面腹侧。剩余面和壳缝面之间常有一条纵向狭长的线形透明区(空白带)把它们分开;剩余面具横线纹;壳面包括背侧线纹区、轴区、壳缝和腹侧线纹区(有时腹侧的线纹不明显)带面的背侧和腹侧有或无间插带,间插带常具纵向排列的短纹或细点。壳缝略凸出于壳平面,线形,直向、弯曲形或"S"形;远缝端常超过背线纹而弯向背侧,少数直向或弯向腹侧,由于远缝端紧靠壳端面,在光学显微镜下较难清晰地观察。极节区通常也不明显。线纹常由单列的点纹组成,点纹或粗或细,有时呈短线状;背侧线纹较长而明显,腹侧线纹较短,有时不明显。无孤点,无顶孔区。

常营自由漂浮生活或附着生活,但不产生胶质柄。多数(300 多种)生活在海洋中,仅 40 多种生活在内陆水体中(包括淡水、半咸水和咸水),纯淡水种较少。

桥弯藻属 *Cymbella*(图版Ⅲ-9、图版Ⅲ-10)

壳面多数明显地具背腹之分,新月形,壳缝为典型的"桥弯藻属壳缝类型"(Cymbella-raphe),即壳缝多少偏腹侧位,在近中央区的近缝端呈侧翻状,近缝端端部的中央孔多少呈圆形的珠孔状或弯钩状,多少地弯向腹侧;远缝端多呈线形,少数呈侧翻状,端缝总是弯向背侧。线纹由单列的点纹组成。有的种类在中央区的腹侧具 1 至多个孤点。两端具明显的顶孔区。从顶孔区常分泌胶质形成胶质柄而使藻体营附着生活。

多数生长在淡水中,少数在半咸水中,为屯溪三江省级湿地公园主要优势种类。

膨胀桥弯藻 *Cymbella tumida* (Bréb. ex Kütz.) Van Heurck,1880

壳面强烈地有背腹之分;背缘强烈地呈弓形弯曲,常呈轻微的波状(有时呈平滑状);腹缘略呈弓形弯曲或近于平直,甚至略凹入,但中部总是略膨大凸出;两端明显地收缢且凸出呈头状。壳缝近于中位或略偏腹侧;近缝端呈线形,端部具明显的中央珠孔且弯向腹侧；远缝端也呈线形，端缝呈"镰形"弯向背侧。轴区窄，呈弓形弯折状。中央区明显，呈菱形或菱形状圆形，占壳面宽度的1/3～1/2；在中央节附近靠腹侧具一个孤点，在扫描电子显微镜下观察，孤点明显地横穿过中央结。

淡水性，分布较广，常见，一般长在贫至中营养且电导率适中的水体中，国内外分布广泛。

异极藻科 Gomphonemaceae

异极藻属 *Gomphonema*（图版Ⅲ-10）

壳面或多或少地呈棒形，上下两端不对称（以横轴为准），上部相对地短且宽，下部相对地长且狭。中轴区明显，壳缝在中轴区充分地伸展且与壳面几乎等长。中央区和中央节明显，常呈横矩形或圆形；多数种类在中央区具一至多个孤点。线纹绝大多数由单列的点孔纹组成，放射状或平行排列。带面观多呈楔形，末端截形。间生带和（真正意义上的）隔膜缺如。

主要是淡水种类，少数生长在半咸水或海洋中，为屯溪三江省级湿地公园主要优势种类。

单壳缝目 Monoraphidinales

曲壳藻科 Achnanthaceae

卵形藻属 *Cocconeis*（图版Ⅲ-11）

植物体为单细胞，下壳着生在丝状藻类或其他基质上；壳面椭圆形、宽椭圆形，上、下两个壳面的外形相同，花纹各异或相似，上、下两个壳面有1个壳面具假壳缝，另1个壳面具直的壳缝，具中央节和极节，壳缝和假壳缝两侧具横线纹或点纹；带面横向弧形弯曲，具不完全的横隔膜；色素体片状，1个，蛋白核1～2个。

大多数是海产种类，淡水种类附着于基质上生长，常大量发生，为屯溪三江省级湿地公园主要优势种类。

扁圆卵形藻 *Cocconeis placentula* Ehrenberg, 1838

壳面椭圆形，具假壳缝的一面横线纹，由相同大小的小孔纹连成；具壳缝的一面，各线纹均在近壳的边缘中断，形成一个环绕在近壳缘四周的环状平滑区；线纹10 μm内具20～25条。

生长在稻田、水坑、池塘、湖泊、水库、河流、溪流、泉水、沼泽中，多为中性到碱性水体中，常着生在沉水植物及其他基质上。国内外广泛分布普生性种类。

曲壳藻属 *Achnanthes*(图版Ⅲ－12)

植物体为单细胞或以壳面互相连接形成带状或树状群体，以胶柄着生于基质上；壳面线形披针形、线形椭圆形、椭圆形、菱形披针形，上壳面凸出或略凸出，具假壳缝，下壳面凹入或略凹入，具典型的壳缝，中央节明显，极节不明显，壳缝和假壳缝两侧的横线纹或点纹相似，或一壳面横线纹平行，另一壳面呈放射状；带面纵长弯曲，呈膝曲状或弧形；色素体片状，1～2个，或小盘状，多数。

主要产于海洋中，淡水的种类多着生于丝状藻类、沉水生高等植物或其他基质上，或亚气生，为屯溪三江省级湿地公园主要优势种类。

管壳缝目 Aulonoraphidinales

菱形藻科 Nitzschiaceae

菱形藻属 *Nitzschia*(图版Ⅲ－12、图版Ⅲ－13)

单细胞或连接成链状、星状群体，或生活在胶质管中。细胞直，针状，有时呈"S"形。一般色素体有2个，分别位于细胞两端，简单或复杂呈浅裂叶状，具1至多个杆状蛋白核。

壳面直或"S"形，窄，线形、披针形或椭圆形，有时中部膨大，在外形上，基本关于顶轴左右对称，但结构上极不对称。末端形状多样，一般呈喙状或头状。线纹单列，连续，由膜封闭的小圆孔组成，有时可见筛状孔。在体积较大的"S"形种类中，筛状孔偶尔会分成若干小室。壳缝系统位置变化较大，从中轴至近壳缘，具龙骨突。上、下壳面的壳缝关于壳面呈镜面对称('hantzschioid' symmetry)或对角线对称('nitzschioid' symmetry)。中缝端(central raphe ending)有或无。具中缝端的种类，内壳面结构简单，位于一个双螺旋舌(helictoglossa)结构上，外壳面简单或偏向壳面远缘。一般具末端裂缝(terminal fissure)，朝任意一边弯转或呈钩状。龙骨突形状多样，有时可延伸横穿壳面。带面由数量不等的断开的环带组成，一般有1至多排横向小孔。

在淡水和海水中均可生长，附着于沉积物、污泥中或浮游，为屯溪三江省级湿地公园主要优势种类。

谷皮菱形藻 *Nitzschia palea* (Kütz.) W. Smith, 1930

壳面线形至线形披针形，两端逐渐狭窄，末端楔形，龙骨点10 μm内具10～15个；横线纹很细，10 μm内具33～40条。淡水普生性种类。

类辐星状菱形藻 *Nitzschia actinatroides* (Lemm.) Van Goor, 1925

壳面宽2 μm，长24.5～28 μm，在10 μm内龙骨点有16～18个，横线纹极细，在光学显微镜下很难分辨。

双菱藻科 Surirellaceae

双菱藻属 *Surirella*(图版Ⅲ-13)

单细胞,壳体等极,或异极呈楔形,偶尔关于顶轴扭曲。色素体1个,由两片大而紧贴壳面的盘状结构组成,通过靠近细胞一端的极窄狭部连接(连接部位在异极种类中靠近窄的一端);或色素体2个,边缘呈深裂状。

壳面线形至椭圆形,或倒卵形,有时提琴形,具一个环绕壳面的壳缝系统。壳面强烈硅质化,表面平坦,或呈凹面,有时具波纹,与顶轴平行,表面有时具硅质的瘤或脊,偶尔在壳面中线附近具刺。外壳面肋纹不明显,线纹常多排,由具分支孔板(volae)的小圆孔组成,线纹在壳面中部常被一凸出的脊断开。壳缝系统位于龙骨上,龙骨壁也呈波纹状,有时两者融合在一起。龙骨突肋状或盘状,在内壳面包住壳缝。壳缝简单,内外壳面的壳缝末端直,不膨大,有时在内壳面中部连续,壳缝末端位于两极。带面由数条断开的环带组成。

本属种类体积较大,分布于淡水和海水中,常附着于沉积物或污泥中。多产于热带、亚热带地区。

线形双菱藻 *Surirella linearis* W. Smith,1853

壳体两端同形等宽,壳面长椭圆形,两侧中部平行或略凸出,两端逐渐狭窄,略呈楔形,末端钝圆;翼狭窄,翼状突起略清楚,翼状管100 μm内具20～30条。

本种为淡水普生性种类,常在泉水中大量生长,国内外广泛分布。

第十章　隐藻门 Cryptophyta

隐藻绝大多数为单细胞。多数种类具鞭毛，极少数种类无鞭毛。无纤维素的细胞壁。细胞表面具周质体（periplast），有的类群周质体为一定形态的板片。具鞭毛种类为长椭圆形或卵形，前端较宽，钝圆或斜向平截，显著纵扁，背侧略凸，腹侧平直或略凹入；腹侧前端偏于一侧具向后延伸的纵沟。有的种类具 1 条口沟自前端向后延伸；纵沟或口沟两侧常具多个超微结构很特殊的刺丝胞，有的种类无刺丝胞。鞭毛 2 条，不等长，自腹侧前端伸出，或生于侧面。较长鞭毛具 2 排长约 1.5 μm的侧生鞭绒（mastigonemes），较短 1 条具 1 排较短（约 1 μm）的鞭绒。具 1 个或 2 个大形叶状的色素体，其被膜由 2 层膜组成，外层与内质网膜或细胞核内质网连接。类囊体常 2 条成对排列。类囊体膜上无藻胆体，藻胆素位于类囊体腔内。无带片层。在色素体和色素体内质网膜之间有 1 个特殊结构核形体（nucleomorph）。它被认为是内共生物退化的细胞核。光合色素体中除含有叶绿素 a、叶绿素 c 外，还含有位于类囊体腔内的藻胆素；色素体多为黄绿色或黄褐色，也有蓝绿色、绿色或红色的；有些种类无色素体。具蛋白核或无。储藏物质为淀粉和油滴。细胞单核，伸缩泡位于细胞前端。

本图集共拍取隐藻门 1 纲 1 科 2 属 2 种。

›››› 隐藻纲 Cryptophyceae

隐鞭藻科 Cryptomonadaceae

蓝隐藻属 *Chroomonas*（图版Ⅳ-1）

细胞为长卵形，椭圆形，近球形，近圆柱形，圆锥形或纺锤形。前端斜截形或平直，后端钝圆或渐尖；背腹扁平；纵沟或口沟常很不明显。无刺丝胞或极小，有的种类在纵沟或口沟处刺丝胞明显可见。鞭毛 2 条，不等长。伸缩泡位于细胞前端。具眼点或无。色素体多为 1 个（也有 2 个的），盘状，边缘常具浅缺刻，周生，蓝色到蓝绿色。淀粉粒大，常成行排列。蛋白核 1 个，中央位或位于细胞的下半部。淀粉鞘由 2～4 块组成。1 个细胞核，位于细胞下半部。

尖尾蓝隐藻 *Chroomonas acuta* Uterm. ,1950

细胞为纺锤形，前端为宽斜截形，向后渐狭，后端尖细，常向腹侧弯曲。纵沟很短。无刺丝胞。色素体 1 个，橄榄绿色或暗绿色，具 1 个明显的蛋白核，位于细胞中部背侧。鞭毛与细胞长度约相等。

分布于各种静止小水体中。广泛分布。

隐藻属 *Cryptomonas*（图版Ⅳ－1）

细胞为椭圆形，豆形，卵形，圆锥形，纺锤形，“S”形。背腹扁平，背部明显隆起，腹部平直或略凹入。多数种类横断面呈椭圆形，少数种类呈圆形或显著的扁平。细胞前端钝圆或为斜截形，后端为或宽或狭的钝圆形。具明显的口沟，位于腹侧。鞭毛 2 条，自口沟伸出，鞭毛通常短于细胞长度。具刺丝胞或无。液泡 1 个，位于细胞前端。色素体 2 个（有时仅 1 个），位于背侧或腹侧或细胞的两侧面，黄绿色或黄褐色或有时为红色，多数具 1 个蛋白核，也有具 2～4 个的，或无蛋白核；单个细胞核，在细胞后端。

分布很广，在池塘、湖泊中常见，为屯溪三江省级湿地公园主要优势种类。

第十一章　甲藻门 Dinophyta

甲藻门绝大多数种类为单细胞，丝状的极少。细胞球形到针状，背腹扁平或左右侧扁；细胞裸露或具细胞壁，壁薄或厚而硬。纵裂甲藻类，细胞壁由左右 2 片组成，无纵沟或横沟。横裂甲藻类壳壁由许多小板片组成；板片有时具角、刺或乳头状突起，板片表面常具圆孔纹或窝孔纹。大多数种类具 1 条横沟和纵沟。横沟（又称腰带）位于细胞中部，横沟上半部称上壳或上锥部，下半部称下壳或下锥部。纵沟又称“腹区”，位于下锥部腹面。具 2 条鞭毛，顶生或从横沟和纵沟相交处的鞭毛孔伸出。1 条为横鞭，带状，环绕在横沟中；1 条为纵鞭，线状，通过纵沟向后伸出。两条鞭毛均具有比鞭绒更细的侧生的细毛，横鞭仅具 1 排细毛，而纵鞭具 2 排。极少数种类无鞭毛。色素体包被具 3 层膜，外层膜不与内质网连接，类囊体常 3 条并列为 1 组排列，无带片层。最重要的光合作用色素为叶绿素 a 和叶绿素 c_2，而无叶绿素 b。个别内共生隐藻的裸甲藻含有藻蓝素。辅助色素有 β-胡萝卜素、几种叶黄素，其中最重要的是多甲藻素（peridinin）。色素体多个，圆盘状、棒状（海产种类有的为长带状或片状），常分散在细胞表层，棒状色素体常呈辐射状排列，金黄色、黄绿色或褐色；极少数种类无色。有的种类具蛋白核。储藏物质为淀粉和油。少数种类具刺丝胞。有些种类具眼点。具 1 个大而明显的细胞核，圆形、椭圆形或细长形，致密的染色体在整个生活史中持续存在，同时，在整个有丝分裂过程中核膜不消失，不形成纺锤体。染色体不含或含极少量碱性蛋白。这种细胞核被称为甲藻细胞核（dinokaryon），或间核（mesokaryon）。

细胞分裂是甲藻类最普遍的繁殖方法。有的种类可以产生动孢子、似亲孢子或不动孢子。有性生殖只在少数种类中发现，为同配式。在自然界，特别是在海洋沉积物和地层中常发现孢囊（cysts），它们有的是休眠合子（hypnozygotes），有的则不清楚。化石孢囊的发现表明孢囊在前寒武纪（大约 6 亿多年前）或至少在志留纪到全新世，就已存在，在三叠纪不仅很常见而且种类很多。化石孢囊对地层的划分有一定的参考价值。

甲藻特殊的形态结构表明它是1个自然类群，但是有关甲藻各类群之间的亲缘关系，学者间的观点不尽相同。有学者分析，细胞核小亚单位 rRNA 碱基序列构建系统演化树，表明夜光藻(Noctiluca)是在演化早期分化形成的。不过，所用的小亚单位太小，分析的种类较少，甲藻的系统演化问题还需要做大量深入的研究。

此门是一类重要的浮游藻类，大多数是海产种类，少数寄生在鱼类、桡足类及其他无脊椎动物体内。甲藻和硅藻是水生动物的主要饵料。但是如果甲藻过量繁殖常使水色变红，形成赤潮(red tide)。形成赤潮的主要种类有多甲藻、裸甲藻、原甲藻、亚历山大藻、光甲藻、链环藻、旋沟藻、夜光藻等属。由于赤潮中甲藻细胞密度很大，藻体死亡后，滋生大量的腐生细菌，细菌的分解作用使水体溶解氧浓度急骤降低，并产生有毒物质，加之有的甲藻能分泌毒素，所以赤潮发生后造成当地鱼、虾、贝等水生动物的大量死亡，对渔业危害很大。“赤潮”常在江河出口处、海洋近海域发生，面积很大，近年来我国一些淡水水体。如湖泊、水库在温暖季节也时有发生。目前尚未发现有毒甲藻。

本图集共拍取甲藻门1纲3科3属3种。

甲藻纲 Dinophyceae

多甲藻目 Peridiniales

裸甲藻科 Gymnodiniaceae

裸甲藻属 *Gymnodinium*(图版Ⅴ-1)

淡水种类细胞为卵形到近圆球形，有时具小突起，大多数近两侧对称。细胞前(上)后(下)两端钝圆或顶端钝圆末端狭窄；上锥部和下锥部大小相等，或者上锥部较大或者下锥部较大。多数背腹扁平，少数显著扁平。横沟明显，通常环绕细胞一周，常为左旋，右旋罕见；纵沟或深或浅，长度不等，有的仅位于下锥部，多数种类略向上锥部延伸。上壳面无龙骨突起(carina)，细胞裸露或具薄壁，薄壁由许多相同的六角形的小片组成；细胞表面多数为平滑的，罕见具条纹、沟纹或纵肋纹的。色素体多个，金黄色、绿色、褐色或蓝色，盘状或棒状，周生或辐射排列；有的种类无色素体；具眼点或无；有的种类具胶被。繁殖方法通常为纵分裂，只在很少种类中发现形成厚壁孢子。

裸甲藻 *Gymnodinium aeruginosum* Stein, 1883

细胞为长形，背腹显著扁平。上锥部常比下锥部略大而狭，铃形，钝圆，下锥部也为铃形，稍宽，底部末端平，常具浅的凹入，横沟环状，深陷，沟边缘略凸出。纵沟宽，向上伸入上锥部，向下达下锥部末端。色素体多数，褐绿色、绿色，小盘状。无眼点。

该种从贫营养型水体到富营养型水体均可生长，分布广泛。

多甲藻科 Peridiniaceae

多甲藻属 *Peridinium*（图版Ⅴ-1）

淡水种类细胞常为球形、椭圆形到卵形，罕见多角形，略扁平，顶面观常呈肾形，背部明显凸出，腹部平直或凹入。纵沟、横沟显著，大多数种类的横沟位于中间略下部分，多数为环状，也有左旋或右旋的，纵沟有的略伸向上壳，有的仅限制在下锥部，有的达到下锥部的末端，常向下逐渐加宽。沟边缘有时具刺状或乳头状突起。通常上锥部较长而狭，下锥部短而宽。有时顶极为尖形，具孔或无，有的种类底极显著凹陷。板片光滑或具花纹；板间带或狭或宽，宽的板间带常具横纹。细胞具明显的甲藻液泡，色素体常为多数，颗粒状，周生，黄绿色、黄褐色或红褐色。具眼点或无。有的种类具蛋白核。储藏物质为淀粉和油。细胞核大，圆形、卵形或肾形，位于细胞中部。

此属多数为海产种类，淡水种类很少。

角甲藻科 Ceratiaceae

角甲藻属 *Ceratium*（图版Ⅴ-1）

单细胞或有时连接成群体。细胞具 1 个顶角和 2～3 个底角。顶角末端具顶孔，底角末端开口或封闭。横沟位于细胞中央，环状或略呈螺旋状，左旋或右旋。细胞腹面中央为斜方形透明区，纵沟位于腹区左侧，透明区右侧为一锥形沟，用以容纳另一个体前角形成群体。无前后间插板；顶板联合组成顶角，底板组成一个底角，沟后板组成另一个底角。壳面具网状窝孔纹。色素体多数，小颗粒状，金黄色、黄绿色或褐色。具眼点或无。

此属多数为海水种类，淡水种类很少。生长于各种静止水体中。

第十二章　裸藻门 Euglenophyta

裸藻为单细胞，大多能运动，具 1 条鞭毛（少数 2～3 条）。细胞为椭圆形、卵形、纺锤形、球形或长带形；末端常尖细，或具刺。横断面为圆形或扁形，或多角形。细胞裸露无壁，仅具表质。表质有时较软，细胞可变形；有时较硬，细胞不能变形。表质平滑或具线纹、点纹或肋纹。有些种类具囊壳。囊壳无色，或呈黄色、棕色或橙色；表质平滑或具各种纹饰。囊壳前端有孔，鞭毛由此伸出。孔的周围有时增厚，有齿或有管状的领壳。细胞前端有胞口，下连胞咽和储蓄泡。无色素种类有时在胞咽处有棒状结构（“棒状器”）。储蓄泡附近有 1 个或几个伸缩泡。鞭毛由储蓄泡基部长出，由胞口伸向体外。裸藻门中大多数种类具色素体，色素体多数或 1～2 个。形状为球状、片状、盘状、星状。蛋白核有或无。蛋白核表面常有表壳形的副淀粉鞘，少数无鞘。同化产物主要为副淀粉，还有脂肪。副淀粉粒形状有球形、盘形、环形、鼓形或棒形等。繁殖方式为细胞纵分裂。

本图集共拍取裸藻门 1 纲 1 科 4 属 5 种。

裸藻纲 Euglenophyceae

裸藻目 Euglenales

裸藻科 Fuglenaceae

裸藻属 *Euglena*（图版Ⅵ-1）

细胞形状多少能变，多为纺锤形或圆柱形，横切面为圆形或椭圆形，后端多少延伸成尾状或具尾刺。表质柔软或半硬化，具螺旋形旋转排列的线纹。色素体 1 至多个，呈星形、盾形或盘形，蛋白核有或无。副淀粉粒呈小颗粒状，数量不等；或为定形大颗粒，2 至多个。细胞核较大，中位或后位。鞭毛单条。眼点明显。多数具明显的“裸藻状蠕动”,少数不明显。

大多数为淡水产藻类,极少数为海产藻类。裸藻属为屯溪三江省级湿地公园主要优势种。

梭形裸藻 *Euglena acus* Ehrenberg,1830

藻体为单细胞,细胞略能变形,狭长纺锤形或圆柱形,有时可呈扭曲状。前端狭窄,圆形或截形,后端渐细,呈长尖尾状;表质具自左向右的螺旋形线纹,有时几乎与纵轴平行成纵线纹。叶绿体盘状或卵形,多数,无蛋白核。副淀粉粒 2 至多个,较大,呈长杆形,有时具分散的卵形小颗粒。核中位。鞭毛短,约为体长的 1/4～1/3。眼点明显,淡红色,呈盘形。

生于各种静止水体中。

囊裸藻属 *Trachelomonas*(图版Ⅵ-2)

细胞外具囊壳。囊壳为球形、卵形、椭圆形、圆柱形或纺锤形等形状。囊壳表面光滑或具点孔纹、孔纹、颗粒、网纹、棘刺等纹饰。囊壳由胶质和铁、锰化合物的沉积组成,由于铁锰成分和沉积的量不同,囊壳呈现出无色、黄色、橙色或褐色,透明或不透明。囊壳的前端具一圆形的鞭毛孔,有领或无领,有或无环状加厚圈。囊壳内的原生质体裸露无壁,其他特征与裸藻属相似。

广泛存在于各种水体,当它们大量生长繁殖时可使水体呈黄褐色。

陀螺藻属 *Strombomonas*(图版Ⅵ-2)

藻体为单细胞,细胞具囊壳,囊壳较薄,前端逐渐收缩呈一长领,领与壳体之间无明显界限,多数种类的后端渐尖地延伸呈一尾刺。囊壳的表面光滑或具皱纹和瘤突,没有囊裸藻那样多的纹饰。原生质体的特征与裸藻属相同。

扁裸藻属 *Phacus*(图版Ⅵ-2)

细胞表质硬化,形状固定,侧扁,形状多样,后端多数具一尾刺。表质具线纹或肋纹,多数纵向,少数呈螺旋形走向。色素体多数,小盘形,无蛋白核。副淀粉粒常为 1～2 个大的盘形、环形或假环形(侧面观为喇叭形或线轴形等),中位或侧位。鞭毛单条。具眼点。无“裸藻状蠕动”。

为典型的淡水产藻类,但亦有极少数海产的种类。

第十三章　绿藻门 Chlorophyta

绿藻门藻类类型多样，有单细胞鞭毛类、群体鞭毛类、四集体或四胞藻群体类、球形类，有叠状结构、丝状结构、原叶结构、管状结构等。除少数类群细胞裸露无壁，或具特殊的表质或在原生质表面覆盖鳞片外，大多数具有细胞壁。细胞壁表面一般是光滑的，有的具颗粒、孔纹、刺、瘤、毛等构造。原生质体中央常具 1 个大的液泡，有的种类具小液泡。有些类群具有明显的胞间连丝。除少数种类无色素体外，多数种类具 1 个、数个或多个色素体，色素体含有的色素种类和各种色素的相对比例都与高等植物相似。色素体位于细胞中央的为轴生，围绕细胞壁的为周生。色素体主要有杯状、片状、盘状、星状、带状和网状。有些种类老细胞色素体常分散，充满整个细胞。大多数种类的色素体内含有 1 个至数个蛋白核。储藏物质为淀粉，呈颗粒状。大多数种类的细胞具有 1 个细胞核，少数为多核。运动鞭毛细胞常具 1 个橘红色的眼点，为椭圆形、线形、卵形等，多位于细胞色素体前部或中部的侧面。绿藻的繁殖方式有营养繁殖、无性繁殖和有性繁殖。

本图集共拍取绿藻门 2 纲 14 科 34 属 61 种。

绿藻纲 Chlorophyceae

团藻目 Volvocales

衣藻科 Chlamydomonadaceae

衣藻属 *Chlamydomonas*（图版 Ⅶ－1）

植物体为游动单细胞；细胞为球形、卵形、椭圆形或宽纺锤形等，常不纵扁；细胞壁平滑，不具或具有胶被。细胞前端中央具或不具乳头状突起，具 2 条等长的鞭毛。鞭毛基部具 1 个或 2 个伸缩泡。具 1 个大型的色素体，多数为杯状，少数片状、"H"形或星状等,具1个蛋白核,少数具2个、多个。眼点位于细胞的一侧,橘红色。细胞核常位于细胞的中央偏前端,有的位于细胞中部或一侧。

营养繁殖时细胞进行纵分裂或横分裂,无性生殖,原生质体分裂产生2～16个动孢子,生长旺盛时期以无性生殖为主,繁殖很快;遇不良环境,形成胶群体,环境适合时,恢复游动单细胞状态。有性生殖为同配、异配,极少数种类为卵式生殖。

此属藻类多在有机质丰富的小水体中和潮湿土表上生长,少数特殊的种类在4 ℃以下的冰雪中生长,呈红、黄或褐色。多在春、秋两季大量生长。衣藻属为屯溪三江省级湿地公园主要优势种。

球衣藻 *Chlamydomonas globosa* Snow,1902

细胞小,多数为近球形,少数为椭圆形,常具无色透明的胶被;细胞前端中央不具乳头状突起;具2条等长的、稍长于体长的鞭毛;基部具1个伸缩泡;色素体为杯状,基部很厚,具1个大的蛋白核;眼点位于细胞前端近1/3处,不很明显;细胞核位于细胞的中央。

生长于湖泊,池塘。

四鞭藻属 *Carteria*(图版Ⅶ-2)

单细胞,球形、心形、卵形、椭圆形等,横断面为圆形;细胞壁明显,平滑。细胞前端中央有或无乳头状突起,具4条等长的鞭毛,基部具2个伸缩泡。色素体常为杯状,少数为"H"形或片状,具1个或数个蛋白核。有或无眼点。细胞为单核。

营养繁殖为细胞分裂产生子细胞。无性繁殖形成2～8个动孢子;有性生殖为同配生殖、异配生殖,已知仅1种为卵式生殖。在生长旺盛时期,以连续进行细胞分裂为主,繁殖快。遇到不良环境时可形成胶群体,环境适宜时恢复运动。

常见于含有机质较多的小水体或湖泊的浅水区域,春、秋两季大量生长。

壳衣藻科 Phacotaceae

异形藻属 *Dysmorphococcus*(图版Ⅶ-2)

单细胞,囊壳为球形、卵形、椭圆形,顶面观为圆形或椭圆形,多数常具钙或硅的化合物沉积,呈褐色、黑褐色,壳面具许多小孔,少数平滑无孔,原生质体明显小于囊壳,前端与囊壳贴近,其间的空隙充满胶状物质,原生质体为球形、卵形,2条等长的、约等于或略长于体长的鞭毛,从囊壳前端的2个开孔分别伸出,基部具2个或数个伸缩泡,色素体为杯状,具1个、2个或多个不规则排列的蛋白核,眼点位于原生质体中部或近后端的一侧,细胞核位于原生质体的中央偏前端。

翼膜藻属 *Pteromonas*（图版Ⅶ-2）

单细胞，明显纵扁。囊壳正面观为球形、卵形，前端宽而平直，或呈正方形到长方形、六角形，角上具或不具翼状突起；侧面观为近梭形，中间具1条纵向的缝线。囊壳由2个半片组成，表面平滑。原生质体小于囊壳，前端靠近囊壳，正面观为球形、卵形、椭圆形，前端中央具2条等长的鞭毛，从囊壳的1个开孔伸出，基部具2个伸缩泡。色素体为杯状或块状，具1个或数个蛋白核。眼点为椭圆形或近线形，位于细胞近前端。细胞核位于细胞的中央或略偏前端。

细胞形态多样，生态变异较大，地理分布广。

团藻科 Volvocaceae

盘藻属 *Gonium*（图版Ⅶ-2）

群体绝大多数由16个细胞组成，少数由4个或8个细胞组成，排列在1个平面上，呈方形，板状；具16个细胞的群体，排成两层，外层12个细胞，其纵轴与群体平面平行，内层4个细胞，其纵轴与群体平面垂直。群体胶被内各细胞的个体胶被明显，彼此由很短的胶被突起相连接，细胞彼此不远离，群体中央具1个大的空腔，外层细胞和内层细胞之间具许多小的空腔。细胞为宽椭圆形到略为倒卵形，前端具2条等长的鞭毛，基部具2个伸缩泡。色素体大，杯状，近基部具1个大的蛋白核。眼点位于细胞的近前端。

在沼泽、水沟和池塘中常见。

美丽盘藻 *Gonium formosum* Pascher，1927

群体绝大多数由16个细胞组成，少数由4个、8个或32个细胞组成，排列在1个平面上，呈方形，板状；具16个细胞的群体，排成2层，外层12个细胞，其纵轴与群体平面平行，内层4个细胞，其纵轴与群体平面垂直，群体内各细胞的个体胶被厚，明显，彼此以狭长的突起相连，群体中央具1个大的空腔，外层细胞与内层细胞之间具许多较大的空腔。细胞为豆形，基部较宽圆到几乎平直，前端具2条等长的鞭毛，基部具2个伸缩泡。色素体大，杯状，近基部具1个大的、圆形的蛋白核。眼点位于细胞近前端。

在静止小水体中常见。

实球藻属 *Pandorina*（图版Ⅶ-3）

定形群体具胶被，球形、短椭圆形，由8个、16个、32个（常为16个）细胞，罕见

4个细胞组成。群体细胞彼此紧贴，位于群体中心，细胞间常无空隙，或仅在群体的中心有小的空间。细胞为球形、倒卵形、楔形，前端中央具2条等长的鞭毛，基部具2个伸缩泡。色素体多数为杯状，少数为块状或长线状，具1个或数个蛋白核和1个眼点。无性生殖时群体内所有的细胞都能进行分裂，每个细胞形成1个似亲群体。

常见于有机质含量较高的浅水湖泊和鱼池中。

实球藻 *Pandorina morum* (Müll.) Bory,1824

群体为球形或椭圆形，由4个、8个、16个、32个细胞组成。群体胶被边缘狭；群体细胞互相紧贴在群体中心，常无空隙，仅在群体中心有小的空间。细胞为倒卵形或楔形，前端钝圆，向群体外侧、后端渐狭。前端中央具2条等长的、约为体长1倍的鞭毛，基部具2个伸缩泡。色素体为杯状，在基部具1个蛋白核。眼点位于细胞的近前端一侧。

广泛分布于各种小水体。

空球藻属 *Eudorina*（图版Ⅶ-3、图版Ⅶ-4）

定形群体为椭圆形，罕见球形，由16个、32个、64个（常为32）细胞组成，群体细胞彼此分离，排列在群体胶被的周边，群体胶被表面平滑或具胶质小刺，个体胶被彼此融合。细胞为球形，壁薄，前端向群体外侧，中央具2条等长的鞭毛，基部具2个伸缩泡。色素体为杯状，仅1个种色素体为长线状，具1个或数个蛋白核。眼点位于细胞前端。

常见于有机质丰富的小水体内。

空球藻 *Eudorina elegans* Ehr. ,1831

群体具胶被，椭圆形或球形，由16个、32个、64个（常为32）细胞组成。群体细胞彼此分离，排列在群体胶被周边，群体胶被表面平滑。细胞为球形，壁薄，前端向群体外侧，中央具2条等长的鞭毛，基部具2个伸缩泡。色素体大，杯状，有时充满整个细胞，具数个蛋白核。眼点位于细胞近前端一侧。

广泛分布于世界各个国家和地区。

四孢藻目 Tetrasporales

胶球藻科 Coccomyxaceae

纺锤藻属 *Elakatothrix*（图版Ⅶ-4）

植物体由2、4或更多个细胞聚集在一个透明的共同胶被内，罕见单个细胞。

细胞多为纺锤形，罕见圆柱状，两端具尖或圆的末端，两侧常不对称；细胞壁薄；色素体 1 个，周位；具 1～2 个蛋白核。生殖时产生 2 个或更多个似亲孢子。

纺锤藻 *Elakatothrix gelatinosa* Wille, 1898

群体为长纺锤形或两端钝圆的长椭圆形，常由 4 个、8 个或 16 个细胞组成；细胞为纺锤形。

此种是湖泊、池塘中的真性浮游种类。

绿球藻目 Chorococcales

绿球藻科 Chlorococcaceae

微芒藻属 *Micractinium*（图版Ⅶ-4、图版Ⅶ-5）

植物体是由 4～32 个或更多细胞构成的群体，常每 4 个细胞为一组排列成三角锥形，或每 8 个细胞为一组排列成球形；同组的细胞均有规则地互相接触聚在一起，排列成为某种形状，但不通过细胞壁互相连接，植物体外亦无共同胶被；细胞多为球形，亦有稍扁平的；细胞壁向外的侧面上具 1～7 条粗而长的刺；色素体 1 个，杯状；具 1 个蛋白核。

此属在国内多分布于湖泊、水库、池塘等，尤其是沿岸一带。

粗刺微芒藻 *Micractinium crassisetum* Hortobagyi, 1973

植物体常由 4 个，罕由 16 个细胞构成复合群体；细胞为球形，互相接触成为 4 个排列成金字塔形的群体；细胞壁外表面各具一根直的、基部粗壮的长刺；色素体 1 个，杯状，轴位；具 1 个蛋白核。

此种在国内分布于台湾乌山头水库、新竹。

多芒藻属 *Golenkinia*（图版Ⅶ-5）

植物体为单细胞。细胞球形；细胞壁薄，细胞壁表面有许多分布不规则的、基部不明显粗大的纤细、无色、透明的刺，有时因含有铁质而呈褐色；色素体 1 个，杯状，周位；具 1 个蛋白核。

生长在各种富营养的小水体中，国内外广泛分布。

多芒藻 *Golenkinia radiata* Chodat, 1894

单细胞，有时聚集成群；细胞为球形，细胞壁表面具许多纤细长刺，色素体 1 个，充满整个细胞，蛋白核 1 个。

生长在各种富营养的小水体中。国内外广泛分布。

粗刺藻属 *Acanthosphaera*(图版Ⅶ-5、图版Ⅶ-6)

植物体为单细胞。细胞为球形;细胞壁上具最多24根周生细长的刺;色素体1个,侧位,杯状;具1个外面全被淀粉粒所包围的蛋白核;细胞核位于细胞中央。

同时以似亲孢子和动孢子进行无性生殖。每个母细胞产生2~8个动孢子,每个动孢子具2根鞭毛;具2个眼点和4个伸缩泡;不具细胞壁。

此属为富营养水体中的真性浮游藻类。

粗刺藻 *Acanthosphaera zachariasi* Lemmermann,1899

单细胞,细胞为球形,细胞壁具6~24根长刺向四周伸出,刺下部粗大部分通常占全刺长度的1/4~1/3;色素体为杯状,1个,具1个蛋白核。

生长在浅水池塘和湖泊、水库的浅水区域。多在秋季出现,数量常较少。

小桩藻科 Characiacea

弓形藻属 *Schroederia*(图版Ⅶ-6)

植物体为单细胞;浮游;细胞为针形,纺锤形,或新月形;两端向前延伸为或长或短的不分叉的刺,直或弯曲;色素体1个,片状,周生,常充满整个细胞;具1个或更多个蛋白核;细胞核1个,年老时可为多个。

此属为世界性藻类,普遍生活于湖泊、池塘、鱼池、水库。为浮游性藻类。

硬弓形藻 *Schroederia robusta* Korshikoff,1953

植物体为单细胞。常略弯曲成弓形或新月形,细胞中部为纺锤形或长纺锤形,两端分别延伸成刺,刺的基部较粗,向前渐尖,长度不超过细胞的一半;色素体1个;具1~4个蛋白核。

湖泊池塘中常见浮游种类。

小球藻科 Chlorellaceae

小球藻属 *Chlorella*(图版Ⅶ-6、图版Ⅶ-7)

植物体为单细胞,单生或多个细胞聚集成群。浮游;细胞体积相差较大;多为球形或椭圆形,有时左右略不对称;细胞壁薄或厚;色素体1个,罕见多于1个,杯状或片状,周生;具1个蛋白核或无。生殖时产生2、4、8、16、32个似亲孢子。

此属藻类多生长在较肥沃的小水体中,有时生长在潮湿土壤中和岩石、树干上,有的可与原生动物共生。小球藻为屯溪三江省级湿地公园主要优势种。

顶棘藻属 *Chodatella*(图版Ⅶ-7)

植物体为单细胞,极罕有胶被,浮游。细胞为卵形、椭圆形、卵圆柱形,两端多宽圆或略光圆；无色细胞壁的两端或两端及中部具有2到数根褐色或无色、各种长短的刺，刺基部具或不具常为褐色的结节或突起部分。色素体1到数个，片状或盘状，周位；具1个或不具蛋白核。

常见于小型淡水水体中，也有的生长在半咸水中。

四角藻属 *Tetraedron*（图版Ⅶ-7、图版Ⅶ-8）

植物体为单细胞，浮游；细胞扁平，三角形、四角形、五角形、多角形，或立体四角、五角或多角锥状；细胞横切面侧扁；每个细胞含2个，多为3、4、5或更多个向外伸出的角突(angle process)；角突较短或较长，不分叉或12次或更多次的分叉，顶端或分叉的顶端平滑，或由细胞壁延伸形成粗或细、长或短、宽或窄、直或弯曲、在或不在同一个平面上、数量不同的刺，罕有皱纹、点纹或颗粒；细胞壁薄；色素体1个到多个，多盘状，周位，具1个或不具蛋白核。

常见于各种静水水体中，水坑、池塘、沼泽及湖泊的浅水港湾中较多。

微小四角藻 *Tetraedron minimum* (A. Braun) Hansgirg,1888

单细胞，扁平，正面观为四方形，侧缘凹入，有时一对缘边比另一对的更内凹，角圆形，角顶罕具一小突起，侧面观为椭圆形，细胞壁平滑或具颗粒，色素体片状，1个，具1个蛋白核。

生长在池塘、湖泊中。国内外广泛分布。

三角四角藻 *Tetraedron trigonum* (Näg.) Hansgirg,1888

细胞扁平，正面观为三角形，角顶端具1条粗刺。

生长于湖泊、池塘中。

纤维藻属 *Ankistrodesmus*（图版Ⅶ-8）

植物体为单细胞，偶有胶被；或2、4、8、16或更多个细胞聚集于一起，呈各种形态，具或不具共同胶被。细胞大多细长，纺锤形，直或弯曲，呈新月形或镰形；两端尖细，或较短，或较宽圆；色素体1个，周位，片状，偶有分瓣；不具或偶具1个蛋白核，多不具淀粉鞘；普遍以产生2、4、8……个似亲胞子进行生殖。产生似亲胞子时，可以进行横向、纵向或斜向分裂而后有滑行生长的细胞质分裂；母细胞壁通过裂口，或在细胞中部进行一次横分裂，成为上、下两半后，子细胞得以外逸或存留较久，子细胞或即时分开或一直聚集于一起。细胞的大小与其形态因种类不同而有显著差异。

除少数种外，大多为世界普生性的，多为各种水体中浮游藻类的常见种。

蹄形藻属 *Kirchneriella*（图版Ⅶ－8、图版Ⅶ－9）

植物体由（2～）、4、8、16、32个或更多的细胞聚集于一个无色透明的、共同胶被内，极罕有单细胞个体；整个胶被为球形或近球形，常由于溶融而不清晰或不见。细胞常以（2～）、4、8个或更多个，比较集中地存在于胶被内，但细胞间并无紧密的相互连接；各组细胞多位于胶被中部，但愈成熟，此情况愈不明显。细胞为新月形、半月形、马蹄形或镰刀形，罕为圆锥形，或不十分对称的椭圆形；两端宽或狭窄，向前渐尖或圆而略具尖；两端之间的直线距离在不同种中有很大差别；色素体1个，片状，周位，充满整个细胞而罕在两端各具一空隙；不具或具一个蛋白核。细胞的宽度与长度在种间的变异很大。

此属为生长在湖泊、池塘、水库、沼泽中的浮游种类。

扭曲蹄形藻 *Kirchneriella contorta* (Schmidle) Bohlin, 1897

群体多由16个细胞组成，细胞彼此分离，不规则地排列在群体胶被中；细胞为圆柱形、弓形或螺旋状弯曲（不超过1.5转），两端钝圆，色素体1个，充满整个细胞，不具蛋白核。

生长在湖泊、池塘、沼泽、稻田中，较多见于浅水水体中。国内外广泛分布。

四棘藻属 *Treubaria*（图版Ⅶ－9、图版Ⅶ－10）

植物体为单细胞，浮游。外有胶被，但常不易见到；细胞为球形或近球形，侧面常内凹，使细胞具数个圆顶状分瓣；细胞壁薄而光滑，外有一层无色、罕为褐色的被膜；被膜向外伸出3、4个或更多（多达8个）极为显著的形态各异的突出的角；角中空，基部常较宽，前延伸部分多具平行的两边，至顶端或渐窄，或渐尖细、罕为细长的刺；所有的角在或不在同一个平面上，连接各角的顶端可看出整个细胞为三角或四角锥形，或不规则的多角立体锥形。色素体在幼时单一，杯状，老时成为多个，块状或网状，充满整个细胞。

生长于富营养型的湖泊、池塘中。

粗刺四棘藻 *Treubaria crassispina* G. M. Smith, 1926

植物体为单细胞。三角锥形或近三角锥形；具圆柱形刺，刺较粗，两侧边平行，呈柱状，顶端急尖。

浮游生长于湖泊及鱼池中。

月牙藻属 *Selenastrum*（图版Ⅶ－10）

植物体常由4、8个或更多（16、32等）个细胞聚于一起。细胞为有规则的新月形，或镰形，两端尖；常以其背部凸出的部分互相接触而成外观较有规则的四边形；色素体 1 个，片状、周位。常位于细胞的中部；具一个或不具蛋白核。

生长在湖泊、池塘、水库、沼泽中。

月牙藻 *Selenastrum bibraianum* Reinsch，1867

植物体常由 4 个、8 个、16 个或更多个细胞聚集成群，以细胞背部凸出一侧相靠排列；细胞为新月形或镰形，两端同向弯曲，自中部向两端逐渐尖细，较宽短，色素体 1 个，具 1 个蛋白核。

常见于有机质丰富的小水体中，在酸性沼泽中亦有发现。

单针藻属 *Monoraphidium*（图版Ⅶ-10、图版Ⅶ-11）

植物体多为单细胞，无共同胶被；多浮游；细胞为或长或短的纺锤形，直或明显或轻微弯曲，成为弓状、近圆环状、S 形或螺旋形等等，两端多渐尖细，或较宽圆；色素体片状，周位，多充满整个细胞，罕在中部留有 1 个小空隙；不具或罕具 1 个蛋白核。以产生（2～）4、8 或 16 个似亲孢子进行生殖。母细胞壁常在正中部位横裂，成为近三角形的两半，似亲孢子即由此逸出，或留存在内一段时间。细胞的形状、弯曲式样、大小及长度与宽度之比，种间变异很大。

旋转单针藻 *Monoraphidium contortum*（Thuret）Komarkova - Legnerova，1969

植物体为单细胞；浮游；细胞为长纺锤形，S 形或螺旋状弯曲或扭曲，螺旋只有 0.5～1 圈，两端渐狭，各在顶端成为较长的细尖；色素体 1 个，片状、周位；不具蛋白核。

多生活于轻度或较重的富营养性水体中，极为常见。

不规则单针藻 *Monoraphidium irregulare*（G. M. Smith）Komarkova - Legnerova，1969

植物体为单细胞；浮游；细胞长，纺锤形，有不规则的多次弯曲，或 1～2 圈螺旋状弯曲；两端渐狭，各具 1 细长尖端；两端或朝同一方向弯曲，或朝不同的方向弯曲；色素体 1 个，片状、周位；不具蛋白核。

弓形单针藻 *Monoraphidium arcuatum*（Korschikoff）Hindak，1970

植物体为单细胞，浮游；细胞为长纺锤形，常弯曲成圆弓形；两侧边大部分近于平行，两端渐狭，顶端各具一刺；色素体 1 个，片状，周位，充满整个细胞；无蛋白核。

卵囊藻科 Oocystaceae

浮球藻属 *Planktosphaeria*（图版Ⅶ-11）

植物体为群体，群体细胞由 2 个、4 个、8 个或更多个细胞不规则、紧密地排列在一个共同的透明的群体胶被内，浮游；细胞为球形，具透明均匀的胶被，幼时具1个周生、杯状的色素体，成熟后分散为多角形或盘状，每个色素体具1个蛋白核。无性生殖产生似亲孢子。

并联藻属 *Quadrigula*（图版Ⅶ-11）

植物体由单个或2,4,8个或更多的细胞聚集在一个共同的透明胶被内；常2或4个或更多为一组，各以其长轴互相平行排列，但细胞与细胞间并不紧密相连接，其上下两端或平齐，或不平齐，或相互错列，略与共同胶被的长轴相平行，偶略垂直，分散在胶被之内。细胞多为纺锤形，新月形，柱状长圆形或长椭圆形等，两端略尖细。色素体1个，片状，周位；不具或具1～2个蛋白核。

为浅水、湖泊中的浮游种类。

卵囊藻属 *Oocystis*（图版Ⅶ-11）

植物体为单细胞，浮游。细胞壁能扩大和不同程度的胶化，并能在一段时间内保持一定的形态，常包括(2～)4～8(～16)个似亲孢子在内，使整个母细胞成为细胞数目固定、但不互相连结的细胞群体，母细胞即是似亲孢子囊(autosporangium)。细胞具各种不同形状和大小；细胞壁薄或厚，壁的两端常有(或没有)特别加厚，并分别形成大小不同的圆锥状部分或结节(nodules)，细胞壁扩大和胶化时，此加厚圆锥部分或结节不胶化。色素体1个或多个，具各种不同的形状，多为周位或侧位；每个色素体内具1个或不具蛋白核。

绝大多数是浮游种类，生长于各种淡水水体中，在有机质较多的小水体和浅水湖泊中常见。

波吉卵囊藻 *Oocystis borgei* Snow,1903

群体为椭圆形，由2个、4个、8个细胞包被在部分胶化膨大的母细胞壁内组成，或为单细胞，浮游；细胞为椭圆形或略呈卵形，两端广圆，色素体为片状，幼时常为1个，成熟后具2～4个，各具1个蛋白核。

生长在有机质丰富的小水体和浅水湖泊中。较常见的普生种类。

网球藻科 Dictyosphaeraceae

网球藻属 *Dictyosphaerium*（图版Ⅶ-12）

集结体由2、4、8、16或32个细胞构成，常被包在一共同的胶被之内，浮游；细胞为球形、卵形、椭圆形或肾形；由母细胞壁的残余部分所形成的略成十字形的分支经二分叉或四分叉或由膜状薄片将彼此分离的细胞连接而成，母细胞壁残余不分离的部分即是此集结体的中心部位。色素体 1 个，杯状，周位或位于细胞基部，具 1 个或不具蛋白核。生殖时产生似亲孢子。

此属为生长在各种静水水体中的浮游藻群。

美丽网球藻 *Dictyosphaerium pulchellum* Wood, 1872

集结体为球形或阔卵形，由 4、8、16、32 个或更多细胞组成；具共同的透明胶被，细胞为球形，与重复二分叉的胶质柄末端相连，而近于透明胶被的边缘，常 4 个细胞 1 组；色素体 1 个，杯状，多位于细胞基部；具 1 个蛋白核。

生长在湖泊、池塘、沼泽中，国内外广泛分布。

盘星藻科 Pediastraceae

盘星藻属 *Pediastrum*（图版Ⅶ-12、图版Ⅶ-13、图版Ⅶ-14）

植物体浮游；由 4,8,16,32,64（或 128）个细胞排列成一层细胞厚的真性集结体；集结体、圆盘状、星状，有时为卵形或略不整齐；无穿孔或具穿孔；外缘细胞常具 1,2 或 4 个角突，有时突起上具胶质毛丛；内层细胞常为多角形，具或不具角突；细胞壁较厚，表面平滑或具颗粒或网纹；幼细胞色素体周生，圆盘状，核单一，具 1 个蛋白核，成熟细胞色素体逐渐分散，可具 1,2,4 或 8 个细胞核，蛋白核 1 至多个。

广泛生活于湖泊、池塘、稻田、水坑、沟渠之中。

二角盘星藻 *Pediastrum duplex* Meyen, 1829

定形群体具 8～128 个细胞（常为 16～32 细胞），细胞间具小的透镜状的穿孔。内层细胞或多或少四方形，细胞侧壁中部彼此不相连接；外层细胞具 2 个短凸起，顶端截平。细胞壁平滑。

此种为湖泊、池塘、沼泽中常见的种类。

二角盘星藻纤细变种 *Pediastrum duplex* var. *gracillimum* West & West, 1895

本变种细胞狭长，细胞宽度与角突的宽度约相等，内外层细胞同形。

群体具大的穿孔，细胞窄长。外层细胞凸起的宽度相等；内层细胞形态与外层细胞相似。

为湖泊、池塘中的真性浮游种类。

单角盘星藻 *Pediastrum simplex* Meyen, 1829

定形群体完整无穿孔，由 36、48、64 个细胞组成。内层细胞为五至六边形。边缘细胞外侧具一角状凸起，凸起周边凹入。

为湖泊中常见的真性浮游种类。

单角盘星藻具孔变种 *Pediastrum simplex* var. *duodenarium* (Bail.) Rabenhorst,1868

真性定形群体细胞间具穿孔,群体边缘细胞内的细胞为三角形。

为湖泊中真性浮游种类。

四角盘星藻 *Pediastrum tetras* (Ehr.) Ralfs,1844

群体为方形、卵形或圆形,无穿孔,由 4、8、16、32(常为 4～8)个细胞组成。外层细胞的外壁具线形到楔形的深缺刻,为缺刻分成的 2 个裂片的外壁或浅或深的凹入;内层细胞为五边形或六边形,具一深的线形缺刻。细胞壁平滑。

湖泊中真性浮游种类。

栅藻科 Scenedesmace

栅藻属 *Tetradesmus*(图版Ⅶ-14、图版Ⅶ-15、图版Ⅶ-16)

集结体多由 2,4 或 8 个,罕由 16 或 32 个细胞组成,细胞依其长轴在一平面上线形或交错地排成 1 列或 2 列;集结体内各细胞同形,或两端的与中间的异形;细胞呈长圆形、卵圆形、椭圆形、圆柱形、纺锤形、新月形或肾形;细胞壁平滑,或具刺、齿、瘤或脊等,通常,细胞顶端及侧缘具长刺或齿状突起或缺口;幼细胞色素体单一、周生,常具一个蛋白核,老细胞色素体充满整个细胞;核单一。

此属植物种类繁多、分布极广,分布于各种静水水体中,尤以小水塘、沟渠、湖泊、水库等大水体的浅水部分及水草间为多。生长盛期在夏季。栅藻属为屯溪三江省级湿地公园主要优势种。

双尾栅藻 *Scenedesmus bicaudatus* Dedusenko,1925

集结体由 2,4 或 8 个细胞组成,呈直线排成 1 行;细胞为长圆形,长椭圆形;外侧细胞各仅具 1 根长刺,呈对角线分布。

巴西栅藻 *Scenedesmus brasiliensis* Bohlin,1897

集结体常由 4 个细胞,有时 2 或 8 个细胞组成,呈直线排成 1 行,平齐;细胞为圆柱形或椭圆形,两端圆或尖,具 1～4 个,常 2 或 3 个齿;每个细胞两面各具 1 条贯穿整个细胞的纵脊。

齿牙栅藻 *Scenedesmus denticulatus* Lagerheim,1882

集结体由 2 或 4 个细胞组成,略直线或交错排列;细胞为卵形至椭圆形,两端各具 1～4(常 2)个小齿,有时中间细胞的一端缺如;细胞壁多较厚,光滑。

生长在各种静止小水体中。国内外广泛分布。

二形栅藻 *Scenedesmus dimorphus* (Turp.) Kützing,1834

集结体常由 4 或 8 个细胞组成,直线排列成 1 行或交错排列成 2 行;细胞二形,中间细胞为纺锤形,外侧细胞为新月形,两端均较尖。

生长在各种静止小水体中,多与其他种类的栅藻混生。国内外广泛分布。

斜生栅藻 *Scenedesmus obliquus* (Turp.) Kützing,1834

集结体由 2,4 或 8 个细胞组成,平直或交错排列成 1 行或 2 行;细胞为纺锤形,末端急尖或稍圆;各细胞以侧壁的 1/3～1/2 相连接;外侧细胞的游离面略凸出或凹入,胞壁平滑。

生长在各种静止小水体中。国内外广泛分布。

四尾栅藻 *Scenedesmus quadricauda* (Turp.) Brébisson,1835

真性定形群体扁平,由 2 个、4 个、8 个、16 个细胞组成,常由 4 个、8 个细胞组成,群体细胞并列排成一列呈直线;细胞为长圆形、圆柱形、卵形,细胞上、下两端广圆,群体外侧细胞的上下两端各具一向外斜向的直或略弯曲的刺,细胞壁平滑。

生长在各种水体中。国内外广泛分布,为屯溪三江省级湿地公园主要优势种。

多棘栅藻 *Scenedesmus spinosus* Chodat,1913

真性定形群体,常由 4 个细胞组成,群体细胞并列排成一列呈直线,罕见交错排列的;细胞为长椭圆形或椭圆形,群体外侧细胞上、下两端各具一向外斜向的直或略弯曲的刺,其外侧壁中部常具 1～3 条较短的刺,两中间细胞上、下两端无刺或具很短的棘刺。

生长在各种小水体中。国内外普遍分布。

四星藻属 *Tetrastrum*(图版Ⅶ-16)

集结体由 4 个细胞组成,十字形排列在一个平面上,中心具或不具一个小孔;细胞为近三角形或卵圆形;细胞壁平滑,或具颗粒或刺;色素体单一,片状,周位;具或不具蛋白核。

生长在湖泊、池塘中,浮游。

异刺四星藻 *Tetrastrum heterocanthum* (Nordst.) Chodat,1895

集结体由 4 个细胞组成,呈十字形排列,中央具 1 个小孔隙;细胞为三角形,外侧游离壁略凹入或有时呈广圆形;具一长一短的粗刺,刺直或略弯;各细胞的长刺和短刺在集结体外侧交错排列;色素体单一,片状,周位;具 1 个蛋白核。

生长在小水体中,浮游。普遍分布。

十字藻属 *Crucigenia*(图版Ⅶ-17)

植物体由4个细胞呈十字形排列,组成真性集结体,单一或复合,浮游;常具不明显的胶被;镜面观方形、长方形或偏菱形,中央具或不具空隙;细胞为三角形、梯形、椭圆形或半圆形;每个细胞具1个色素体,片状,周位;具1个蛋白核。

生长在湖泊、池塘中,浮游。

顶锥十字藻 *Crucigenia apiculata* (Lemm.) Schmidle,1901

真性定形群体,由4个细胞组成,排成椭圆形或卵形,其中心具方形的空隙;细胞为卵形,外壁游离面的两端各具1个锥形凸起。

生长在湖泊、池塘、沟渠中。普遍分布。

窗格十字藻 *Crucigenia fenestrate* (Schmidle) Schmidle,1900

集结体由4个细胞组成,方形排列,中央孔隙呈方形;细胞为近长圆形或长梯形,以内侧壁相连接;色素体1个,周生,片状;无蛋白核。

四角十字藻 *Crucigenia quadrata* Morren,1830

集结体由4个细胞组成,近圆形,中央孔隙呈方形;4个细胞的集结体常相互连接成16个细胞的复合集结体;细胞近球形,近集结体中央的细胞壁因挤压而呈垂直的两边,外侧游离壁明显凸出;胞壁平滑或具1~6个小突起;色素体1~4个,盘状,周位;具或不具蛋白核;

方形十字藻 *Crucigenia rectangularis* (Braun) Gay,1891

集结体由4个细胞组成,长方形或椭圆形,排列较规则,中央空隙呈方形;常由单一集结体组成16个细胞的复合集结体;细胞为卵形或长卵形,顶端钝圆,外侧游离壁略外凸;以底部和侧壁与邻近细胞连接。

四足十字藻 *Crucigenia tetrapedia* (Kirchn.) West & West,1902

集结体由4个细胞组成,方形,有时近圆形,中央孔隙小;常形成16个细胞的复合集结体;细胞为三角形,两端钝圆,外侧壁游离面平直,有时略内凹或外凸。

生长在湖泊、池塘、沟渠中,广泛分布。

集星藻属 *Actinastrum*(图版Ⅶ-18)

植物体为真性集结体,单一或复合,浮游,无胶被;常由(4),8,(16)个细胞组成;细胞为柱状长圆形、棒状纺锤形或截顶长纺锤形,各细胞以一端在集结体中心相连接,呈放射状排列;色素体单一,片状,周位,边缘不规则;具1个蛋白核。

集星藻 *Actinastrum hantzschii* Lagerheim,1882

真性定形群体,由 4 个、8 个、16 个细胞组成,群体中的各个细胞的一端在群体中心彼此连接,以细胞长轴从群体共同的中心向外呈放射状辐射出排列;细胞为长圆柱状纺锤形,两端略狭和截圆形,色素体周生、长片状,1 个,具 1 个蛋白核。

生长在湖泊、池塘中,浮游。国内外普遍分布。

空星藻属 *Coelastrum*(图版Ⅶ-18)

植物体由 4,8,16,32,64 或 128 个细胞组成中空的集结体;集结体为球形或椭圆形,细胞数目较少的种类为立方形或四面体;细胞为球形、卵形或多角形,以细胞壁或细胞壁突起互相连接;除连接部分外,胞壁表面光滑,部分增厚或具管状突起;具细胞间隙;细胞幼时色素体为杯状,成熟后扩散,常充满整个细胞;具 1 个蛋白核。

生长在各种静水水体中。

丝藻目 Ulotrichales

丝藻科 Ulotrichaceae

裂丝藻属 *Stichococcus*(图版Ⅶ-18)

植物体为由少数细胞组成的不分枝的短的丝状体;丝状体常断裂成单个细胞。细胞大多数为长的或有时为短的圆柱状、球形或椭圆形,偶尔略弯曲,细胞两端钝圆,两细胞仅以其横壁的一部分连接。细胞壁薄,无胶鞘,色素体片状,侧位,占细胞周壁面积的一小半,无蛋白核。有时在细胞两端具球形、透明的小颗粒。已知唯一的繁殖方法是丝状体断裂。

此属多数生长在潮湿的土壤中和墙壁、树干及水生植物上,有时在藻类培养中出现,有的种类与地衣共生。

胶毛藻目 Chaetophorales

胶毛藻科 Chaetophoraceae

毛枝藻属 *Stigeoclonium*(图版Ⅶ-18)

植物体为一列细胞组成的分枝丝状体,着生,有的具胶质,由匍匐部分和直立部分组成,有的种类直立枝发达,有的种类直立枝发育不全,匍匐枝极丰富;主轴与分枝无明显分化,其宽度相差也不大,直立枝常形成互生或对生的分枝,分枝上的小枝常分散而不呈丛状,顶端渐细,形成多细胞的无色的毛;细胞为圆柱形、腰鼓形，每个细胞具1个周生、带状色素体。

此属植物几乎产于淡水，某些种类偶尔在咸水中发现，广泛分布于世界各地。

双星藻纲 Zygnematophyceae

鼓藻目 Desmidiales

鼓藻科 Desmidiaceae

鼓藻属 *Cosmarium*（图版Ⅶ-18、图版Ⅶ-19）

植物体为单细胞，细胞大小变化很大，侧扁，缢缝常深凹入，狭线形或向外张开；半细胞正面观近圆形、半圆形、椭圆形、卵形、肾形、梯形、长方形、方形、截顶角锥形等，顶缘圆，平直或平直圆形，半细胞缘边平滑或具波形、颗粒、齿，半细胞中部有或无膨大、隆起或拱形隆起；半细胞侧面观绝大多数呈椭圆形或卵形；垂直面观椭圆形、卵形、纺锤形等；细胞壁平滑，具穿孔纹、圆孔纹、小孔、齿、瘤或具以一定方式排列的颗粒、乳突等，有的种类半细胞中间部分的文饰与边缘部分的文饰常不相同；色素体轴生或周生，每个半细胞具1个、2个或4个（极少数具8个）色素体，每个色素体具1个或数个蛋白核，有的种类具6～8条周生带状色素体，每条色素体具数个蛋白核；细胞核位于两半细胞之间的缢部。

主要生长于偏酸性的、贫营养的软水水体中，有的生长在中性或偏碱性的水体中，少数在pH较高的碱性水体中，较少生长在富营养的水体中。在水坑、池塘、湖泊、水库、河流的沿岸带和沼泽等生境中存在，少数种类亚气生。

梅尼鼓藻 *Cosmarium meneghinii* Brébisson ex Ralfs，1848

细胞小，近八角形，长约为宽的1.5倍，缢缝深凹，狭线形；半细胞正面观近六角形，半细胞上部截顶角锥形，侧缘凹入，明显向顶部辐合，顶缘宽，略凹入，顶角和侧角圆，半细胞下部横长方形，两侧缘近平行或略凹入；半细胞侧面观广椭圆形或近圆形；垂直面观椭圆形，厚与宽的比例为1∶1.5。

生长在各种变化的生境中，在贫营养到中营养的、偏酸性到碱性（pH幅度为4.3～9.2）的稻田、池塘、湖泊、水库和沼泽中兼性浮游或附着于其他的基质上，有时亚气生。国内外广泛分布。

颤鼓藻 *Cosmarium vexatum* West，1892

细胞中等大小，长略大于宽，缢缝深凹，狭线形，外端略膨大；半细胞正面观截顶的角锥形，顶缘平截、直或呈很浅的波形，顶角和基角钝圆，侧缘凸起，具6～7个从基部到顶部逐渐增大的波纹，半细胞缘内具稀疏和近同心圆排列的颗粒，有时略呈放射状排列，颗粒逐渐向半细胞中间变小，中央区平滑；半细胞侧面观卵形到圆形或近圆形；垂直面观长圆形到椭圆形，侧缘具颗粒，两端中间各具一宽和平滑的隆起，厚和宽的比例约为1∶2；半细胞具1个轴生的色素体，具2个蛋白核。

角星鼓藻属 *Staurastrum*（图版Ⅶ-19）

植物体为单细胞，一般长略大于宽（不包括刺或突起），绝大多数种类辐射对称，少数种类两侧对称及细胞侧扁，中间的缢部分细胞成为两个半细胞，多数缢缝深凹，从内向外张开呈锐角、直角或钝角，有的为狭线形；半细胞正面观半圆形、近圆形、椭圆形、圆柱形、近三角形、倒三角形、四角形、梯形、碗形、杯形、楔形等，许多种类半细胞顶角或侧角向水平方向、略向上或向下延长形成长度不等的突起，缘边一般为波形，具数轮齿，其顶端平或具2个、3个到多个刺，细胞不包括突起的部分称"细胞体部"，半细胞正面观的形状指半细胞体部的形状。有的种类半细胞的每个顶角和每个侧角各具一个突起，则顶部的一轮突起称"附属突起"，有的种类突起基部长出较小的突起也称"附属突起"。垂直面观多数三角形到五角形，少数为圆形、椭圆形、六角形、或多到十二角形；细胞壁平滑，具点纹、圆孔纹、颗粒及各种类型的刺和瘤；每个半细胞一般具1个轴生的色素体，其中央具1个蛋白核，对于大的细胞，每个半细胞具数个蛋白核，少数种类半细胞的色素体周生，具数个蛋白核。

多数生长在贫营养或中营养的、偏酸性的水体中。

图版Ⅰ-1

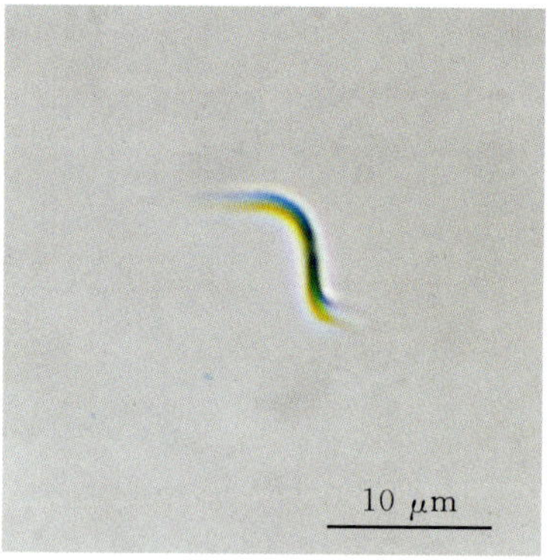

棒胶藻

Rhabdogloea sp.

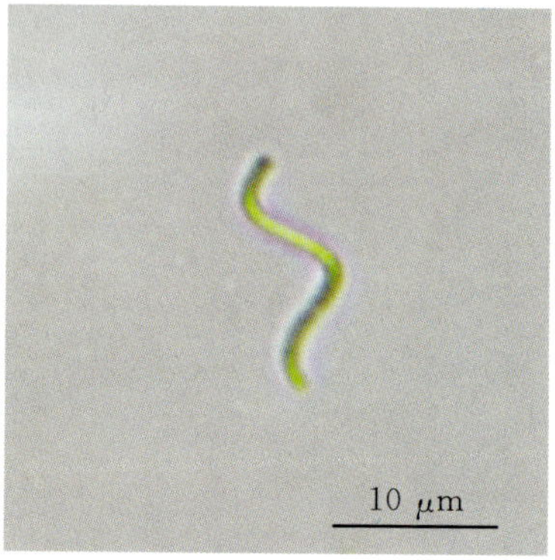

棒胶藻

Rhabdogloea sp.

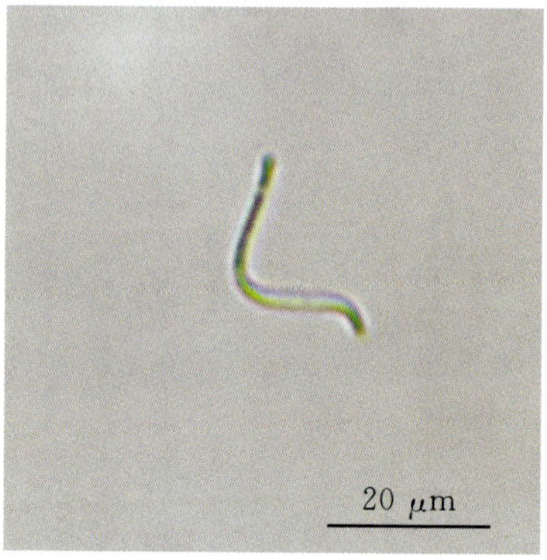

棒胶藻

Rhabdogloea sp.

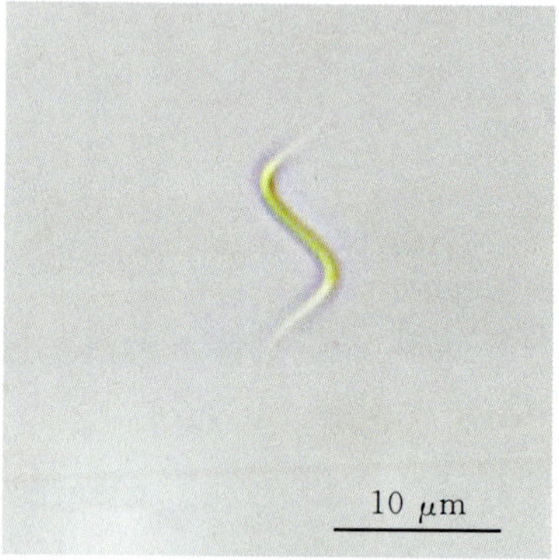

棒胶藻

Rhabdogloea sp.

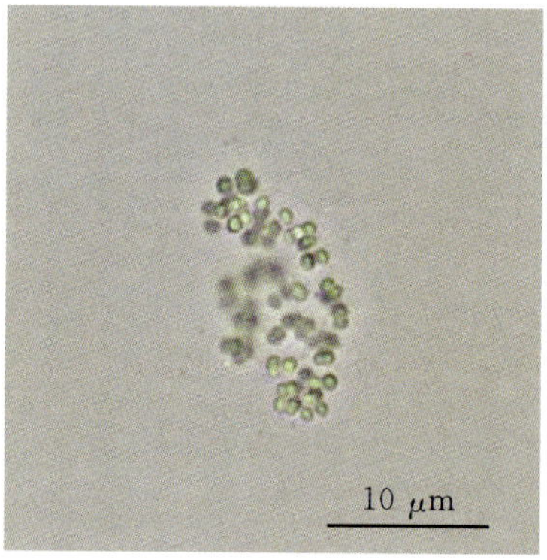

隐球藻

Aphanocapsa sp.

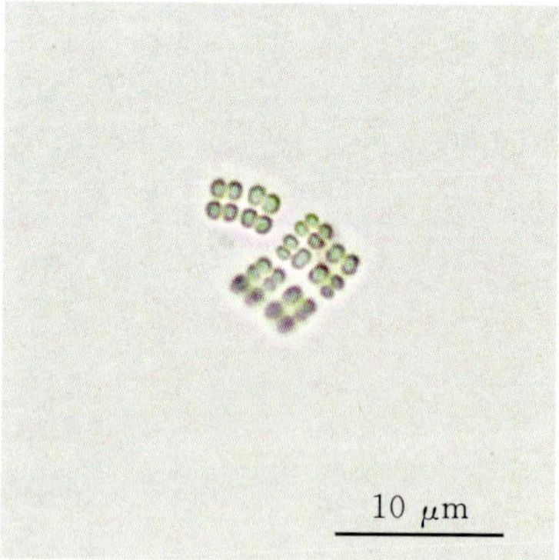

平裂藻

Merismopedia sp.

图版Ⅰ-2

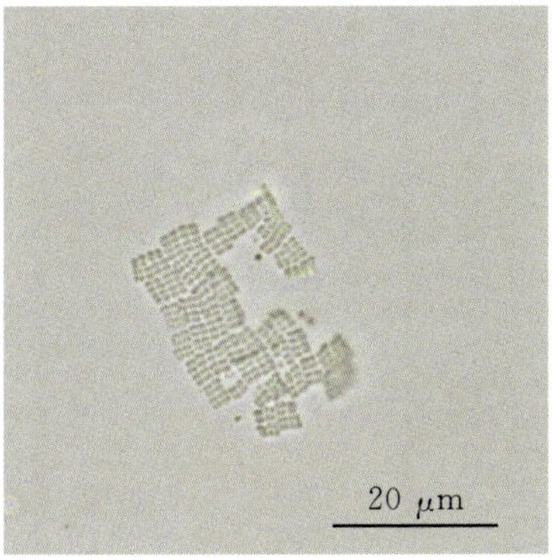

平裂藻
Merismopedia sp.

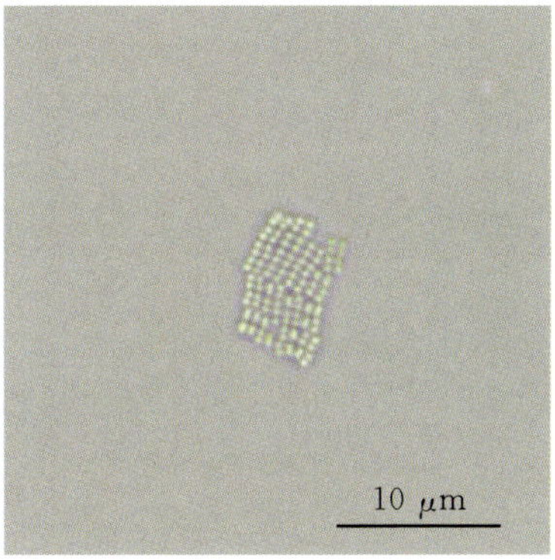

平裂藻
Merismopedia sp.

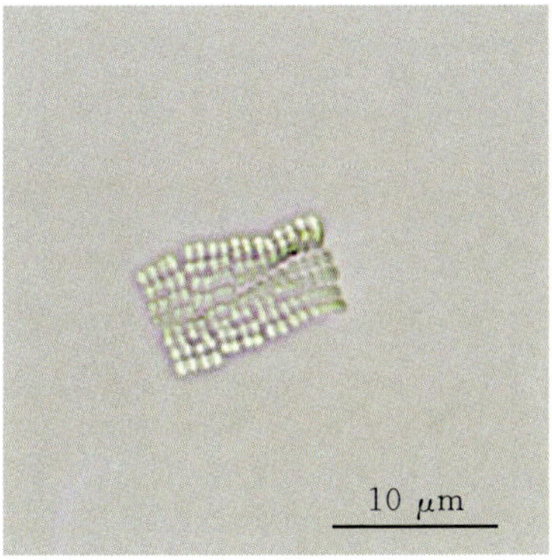

旋折平裂藻
Merismopedia convolute

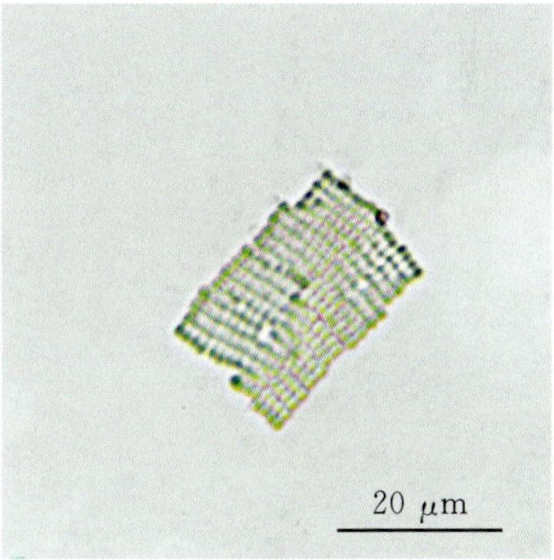

旋折平裂藻
Merismopedia convoluta

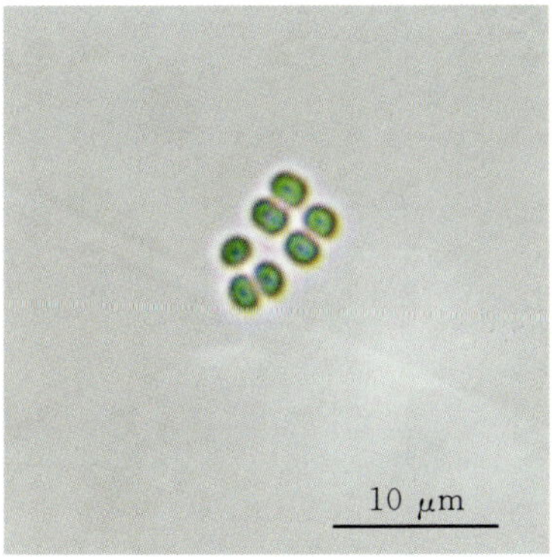

色球藻
Chroococcus sp.

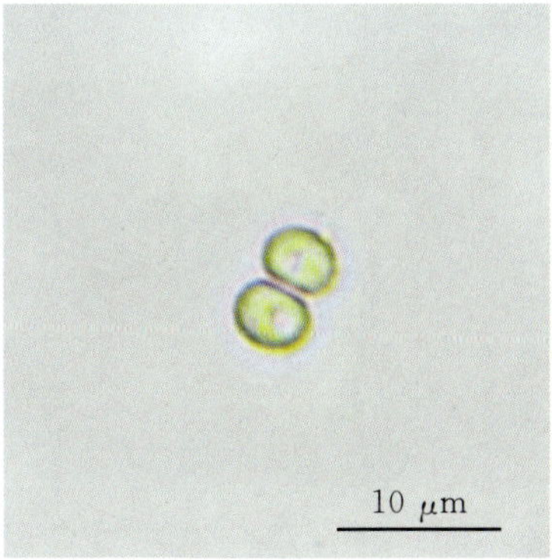

色球藻
Chroococcus sp.

图版Ⅰ-3

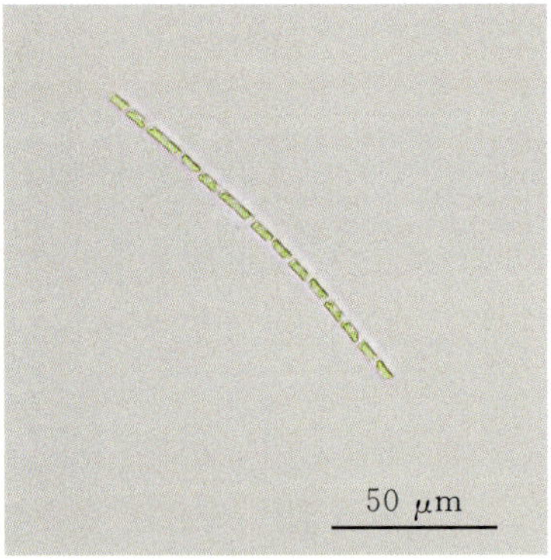

伪鱼腥藻

Pseudanabaena sp.

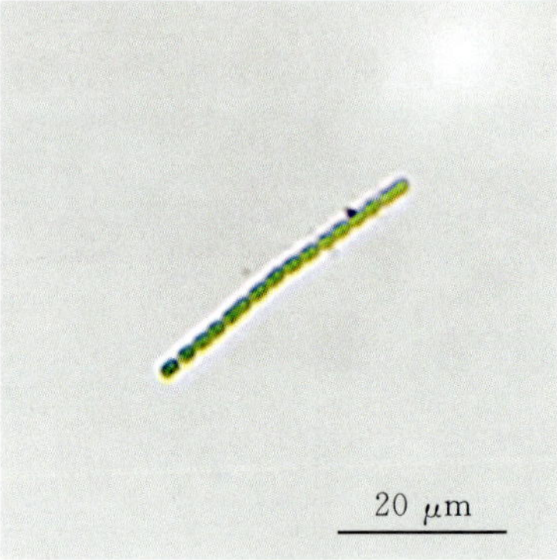

伪鱼腥藻

Pseudanabaena sp.

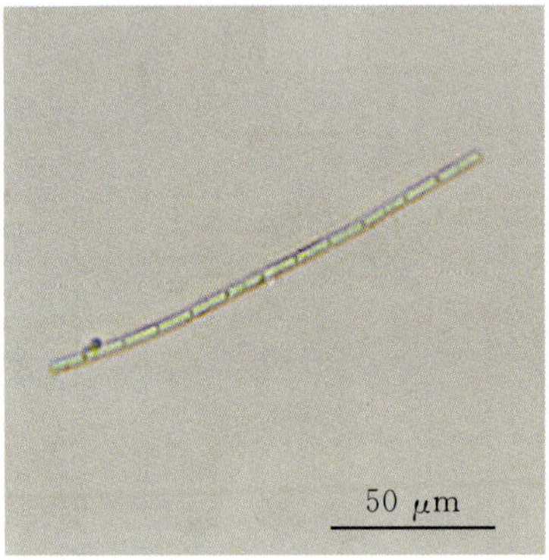

伪鱼腥藻

Pseudanabaena sp.

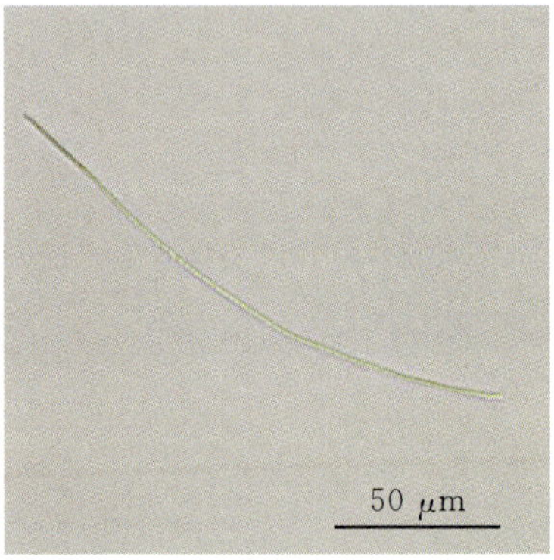

伪鱼腥藻

Pseudanabaena sp.

颤藻

Oscillatoria sp.

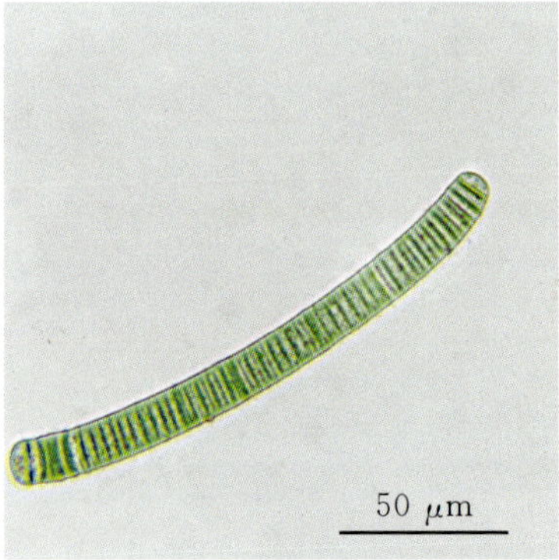

颤藻

Oscillatoria sp.

图版Ⅰ-4

颤藻
Oscillatoria sp.

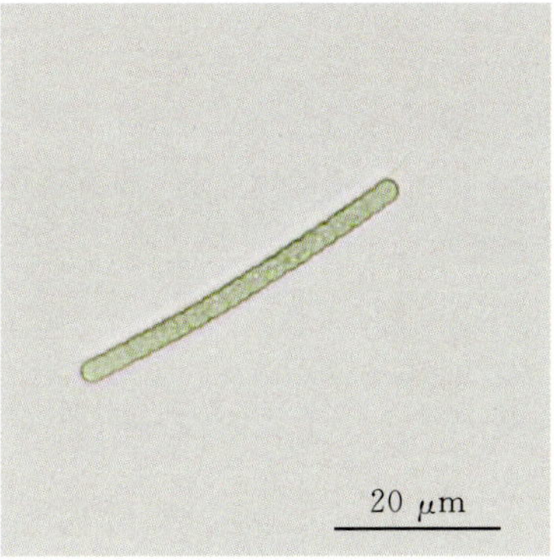

颤藻
Oscillatoria sp.

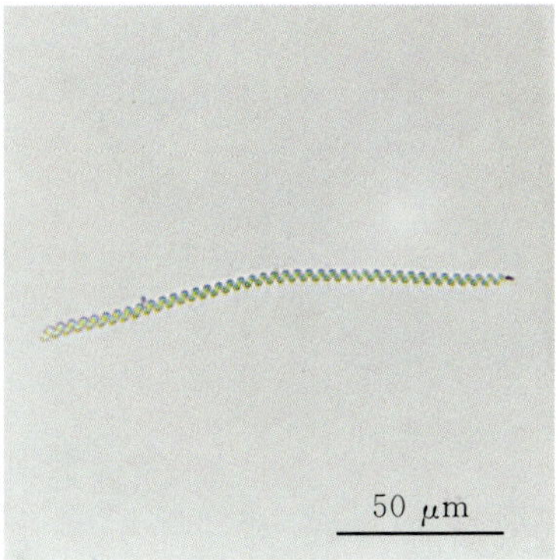

大螺旋藻
Spirulina major

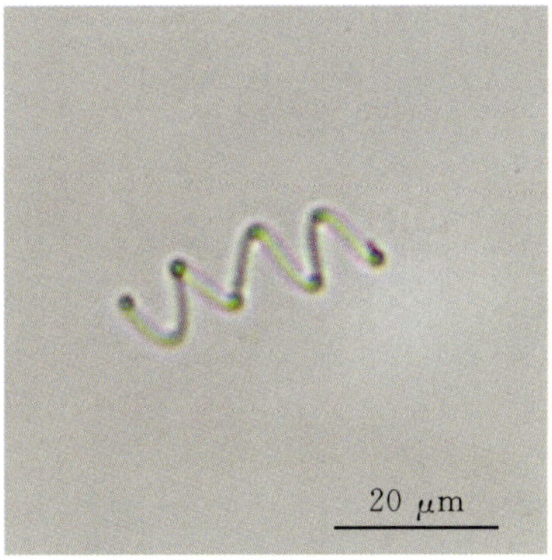

节旋藻
Arthrospira sp.

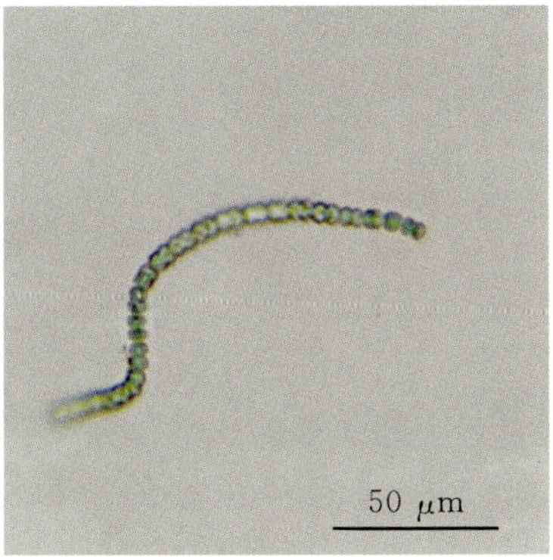

长孢藻
Dolichospermum sp.

图版Ⅱ-1

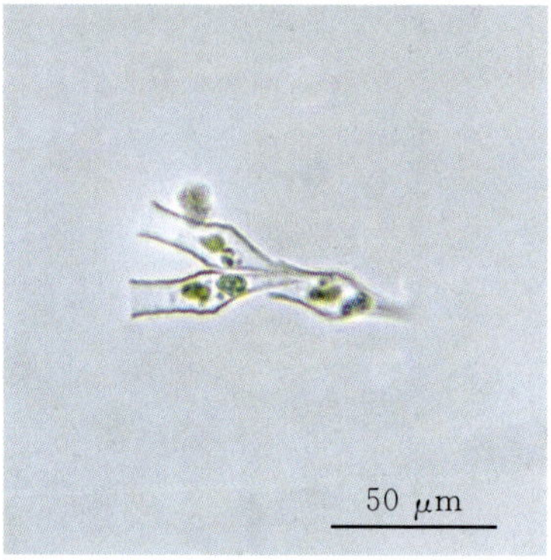

锥囊藻

Dinobryon sp.

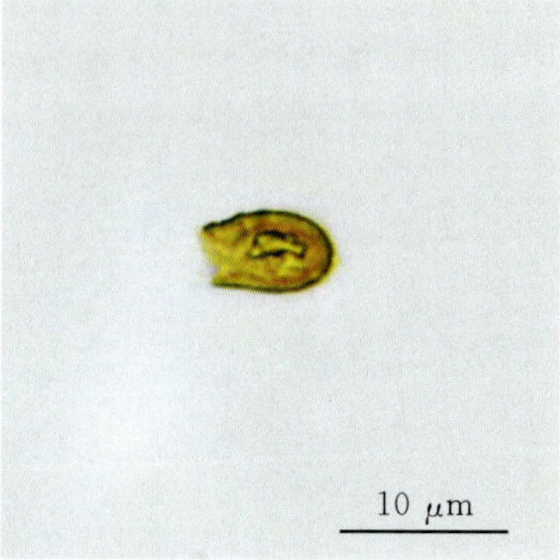

金杯藻

Kephyrion sp.

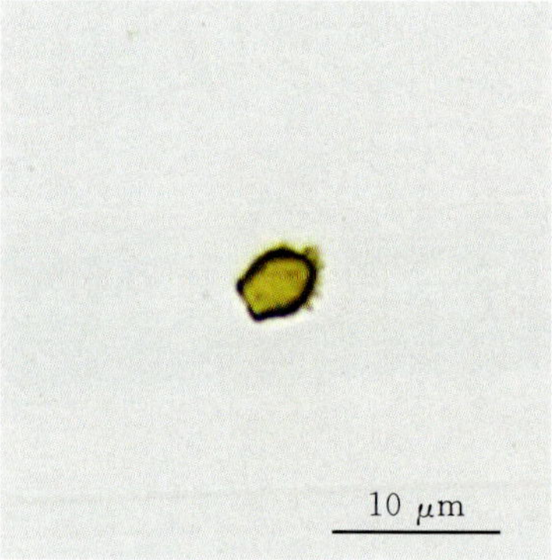

金杯藻

Kephyrion sp.

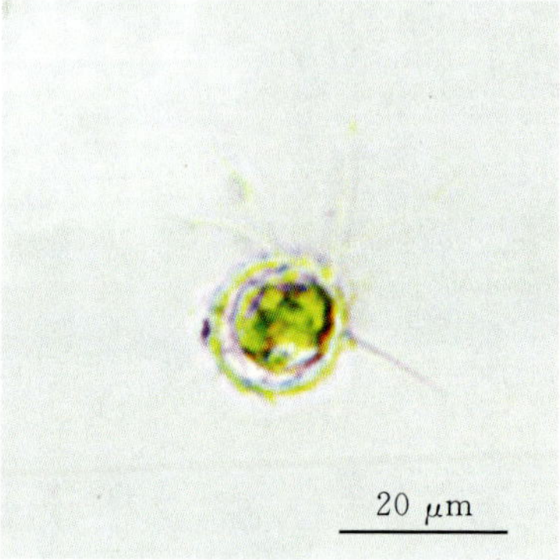

鱼鳞藻

Mallomonas sp.

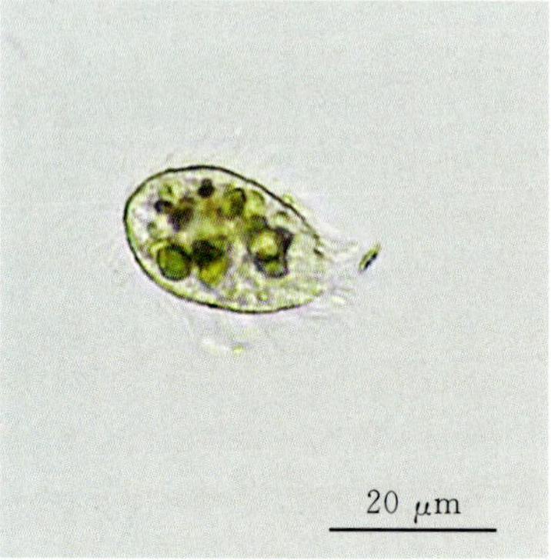

鱼鳞藻

Mallomonas sp.

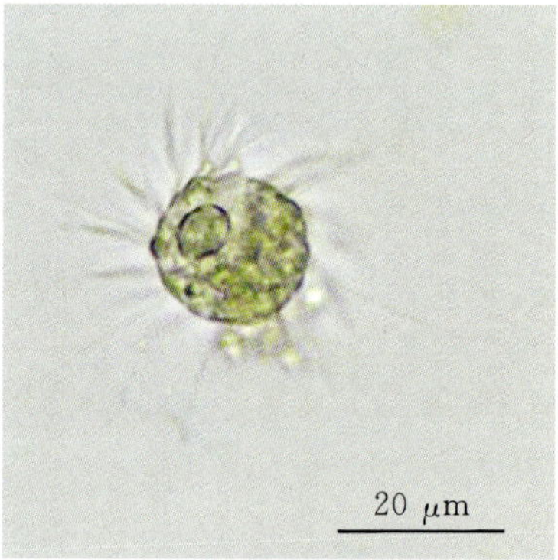

鱼鳞藻

Mallomonas sp.

图版Ⅲ-1

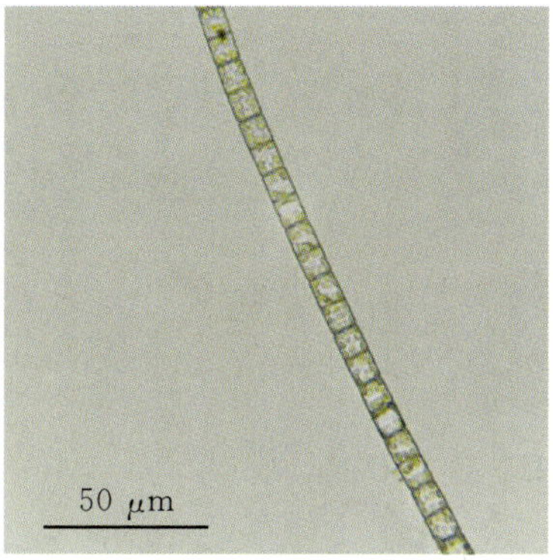

直链藻

Melosira sp.

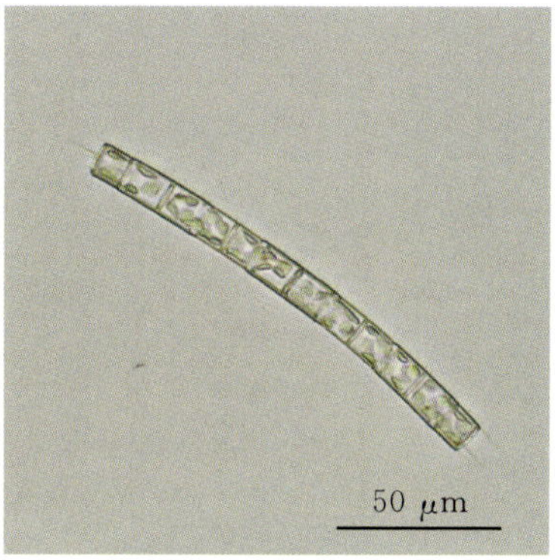

颗粒直链藻

Melosira granulata

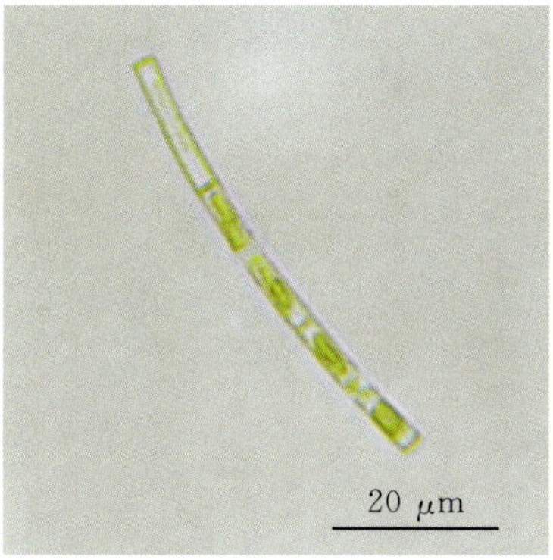

颗粒直链藻极狭变种

Melosira granulate var. angustissima

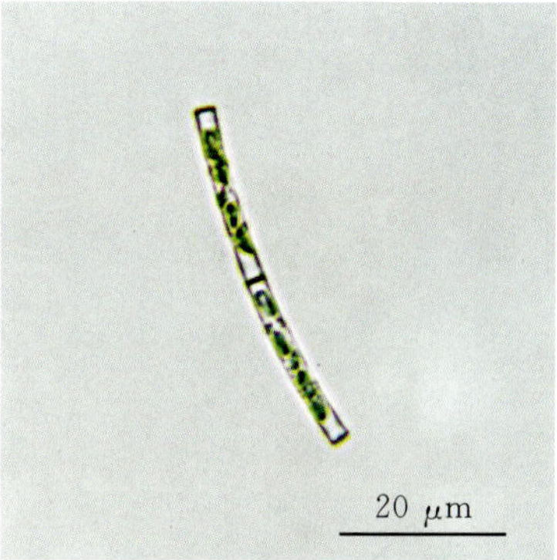

颗粒直链藻极狭变种

Melosira granulate var. angustissima

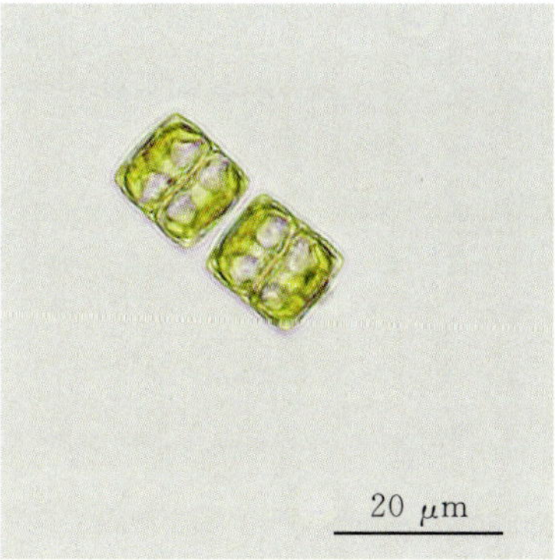

变异直链藻

Melosira varians

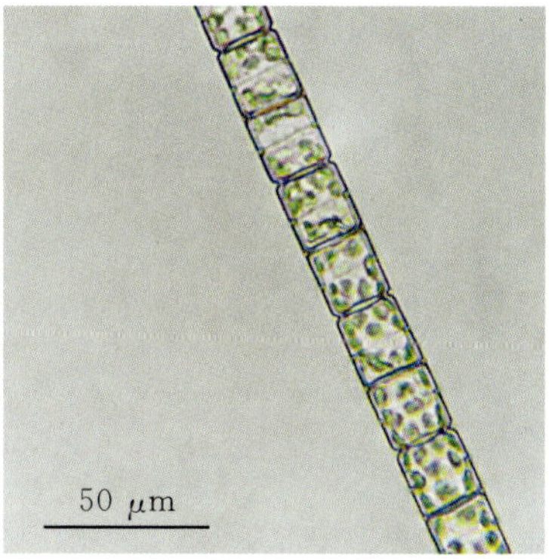

变异直链藻

Melosira varians

图版Ⅲ-2

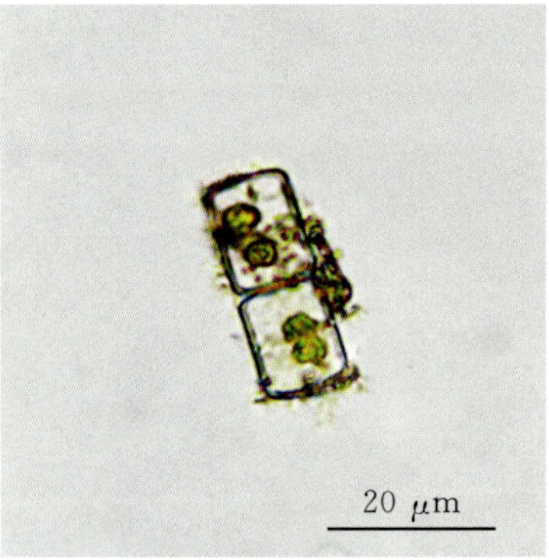

变异直链藻
Melosira varians

变异直链藻
Melosira varians

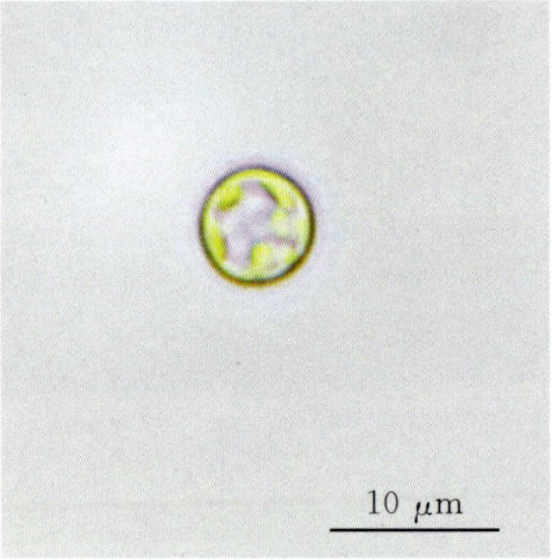

小环藻
Cyclotella sp.

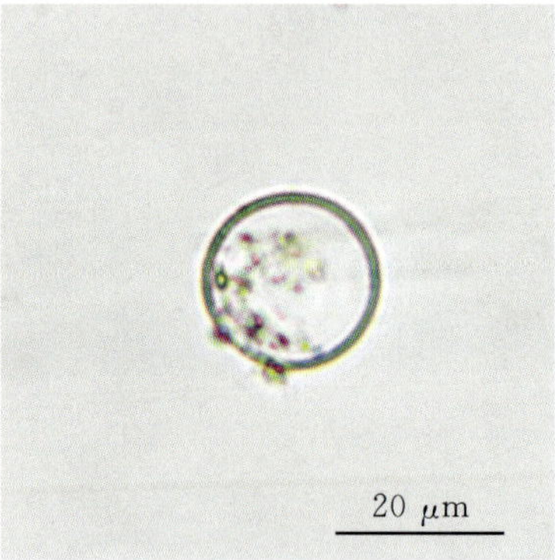

小环藻
Cyclotella sp.

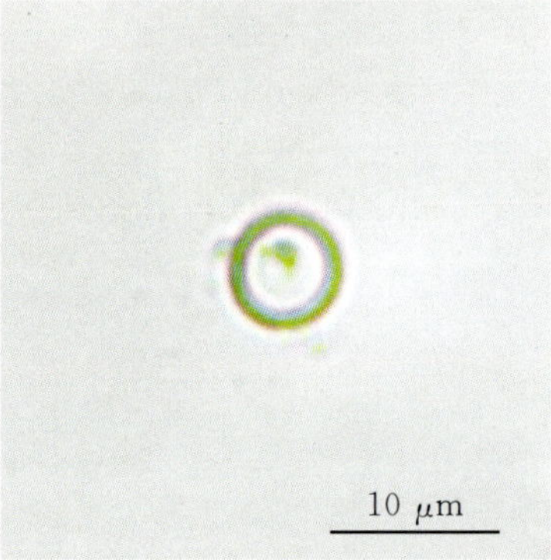

小环藻
Cyclotella sp.

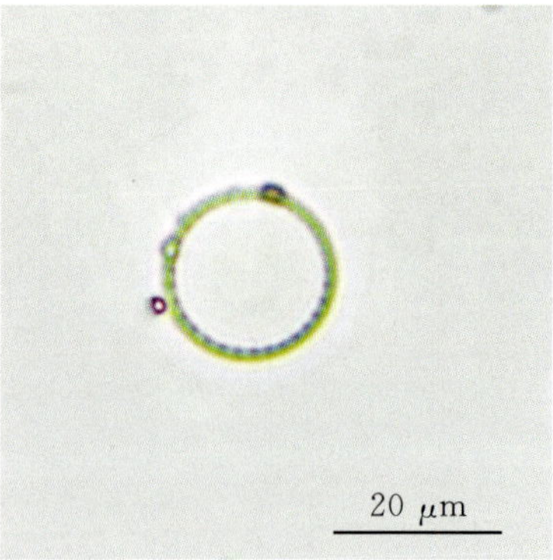

小环藻
Cyclotella sp.

图版Ⅲ-3

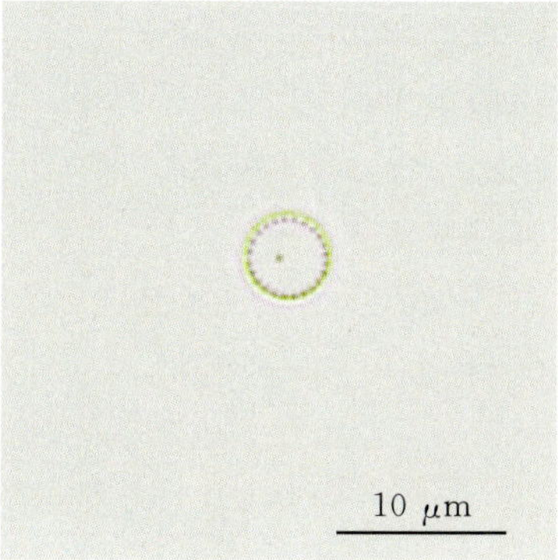

梅尼小环藻
Cyclotella meneghiniana

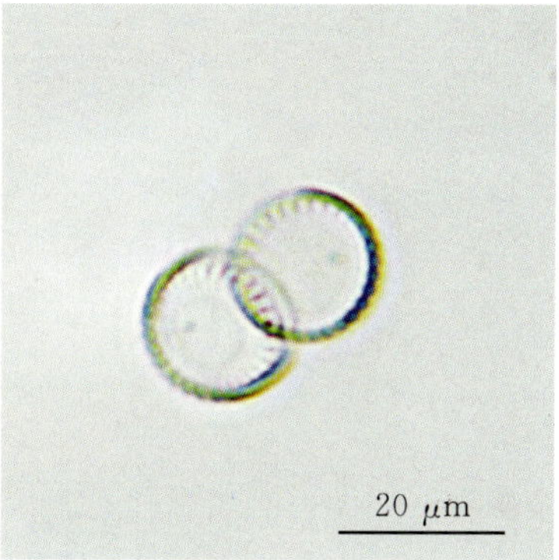

梅尼小环藻
Cyclotella meneghiniana

根管藻
Rhizosolenia sp.

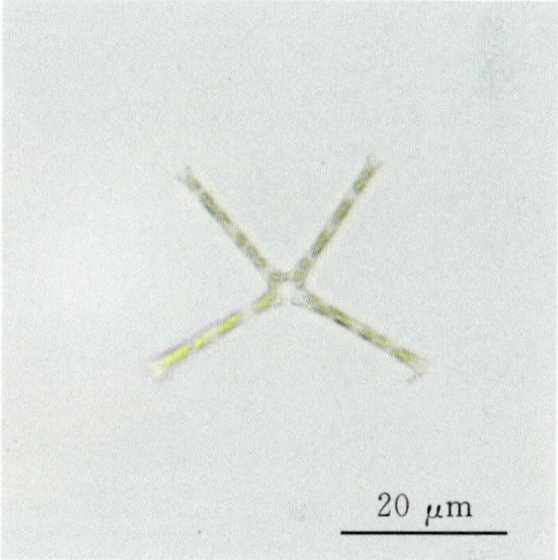

华丽星杆藻
Asterionella formosa

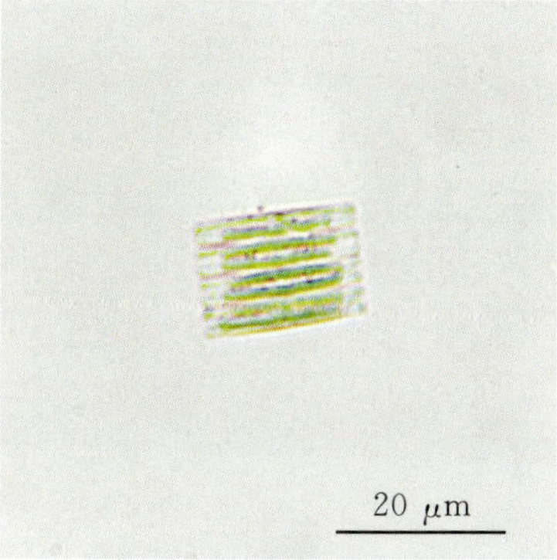

脆杆藻
Fragilaria sp.

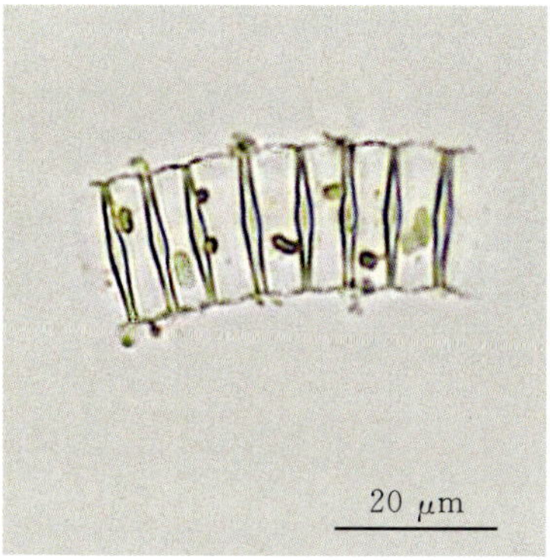

脆杆藻
Fragilaria sp.

图版Ⅲ-4

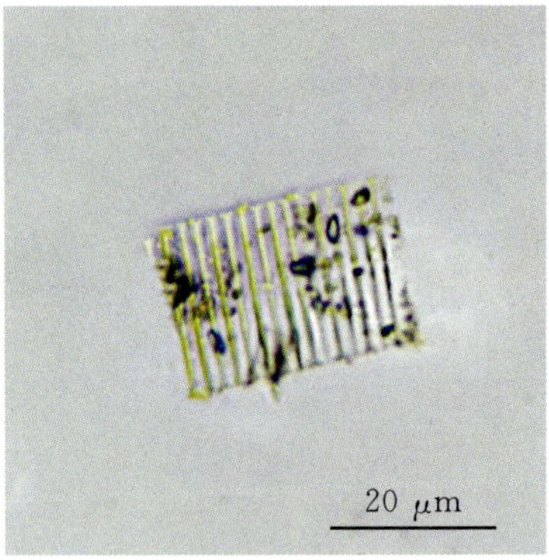

脆杆藻
Fragilaria sp.

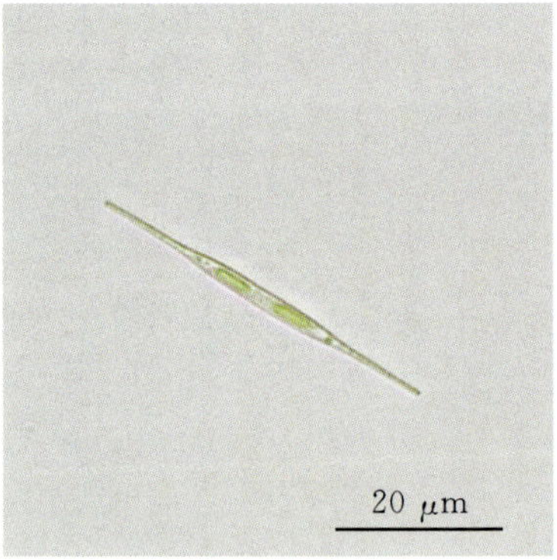

针杆藻
Synedra sp.

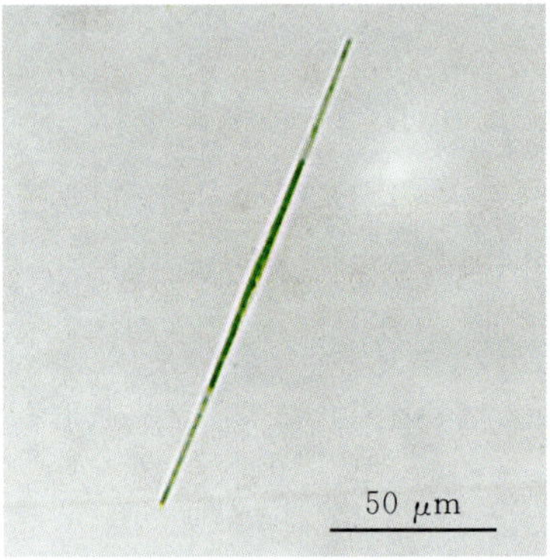

针杆藻
Synedra sp.

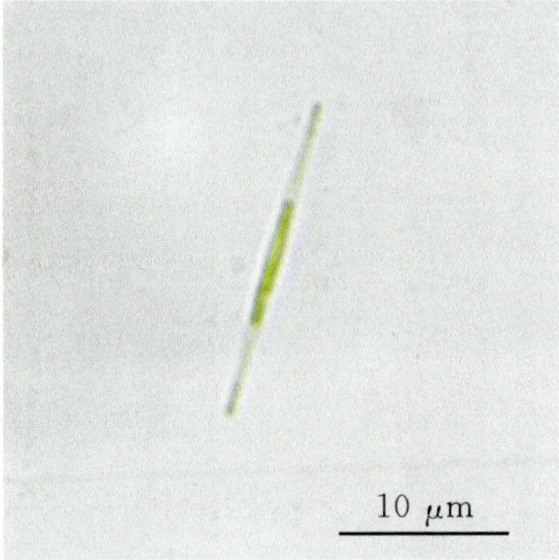

针杆藻
Synedra sp.

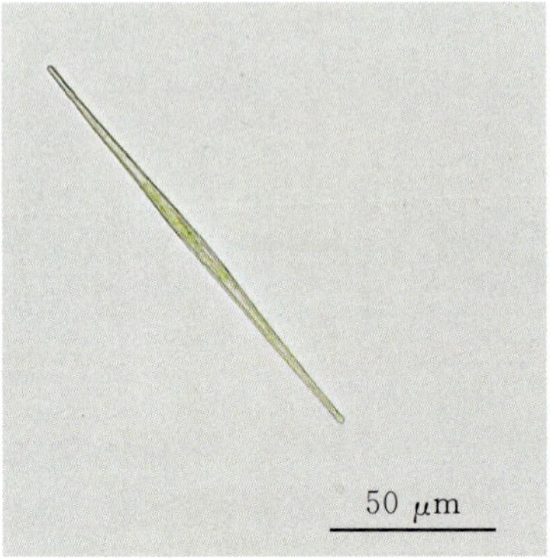

针杆藻
Synedra sp.

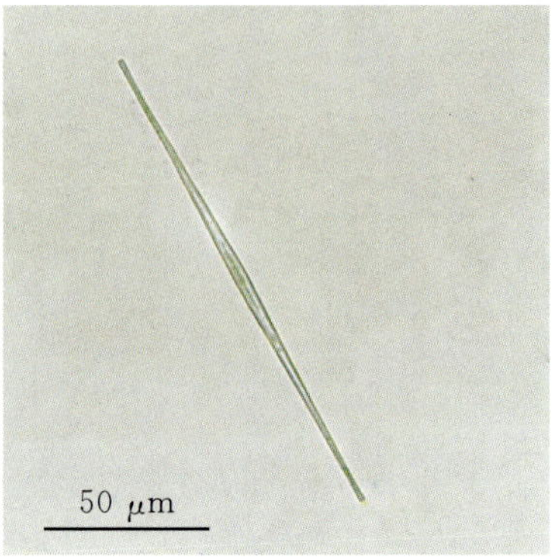

尖针杆藻
Synedra acus

图版Ⅲ-5

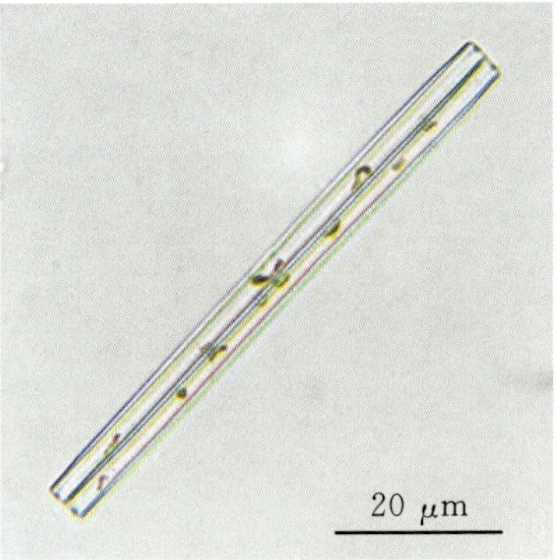

肘状针杆藻(带面观)
Synedra ulna

肘状针杆藻(带面观)
Synedra ulna

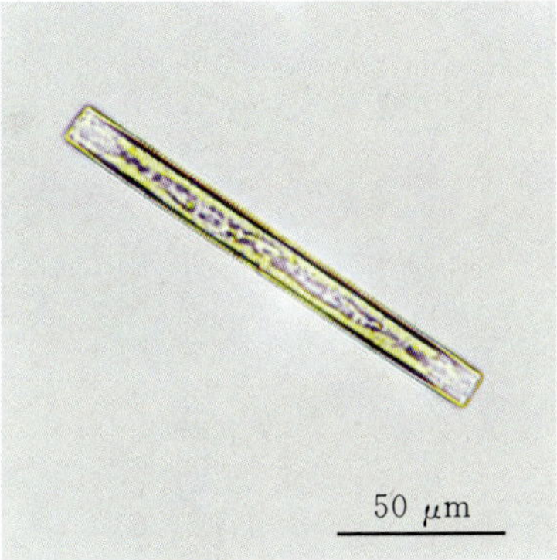

肘状针杆藻(带面观)
Synedra ulna

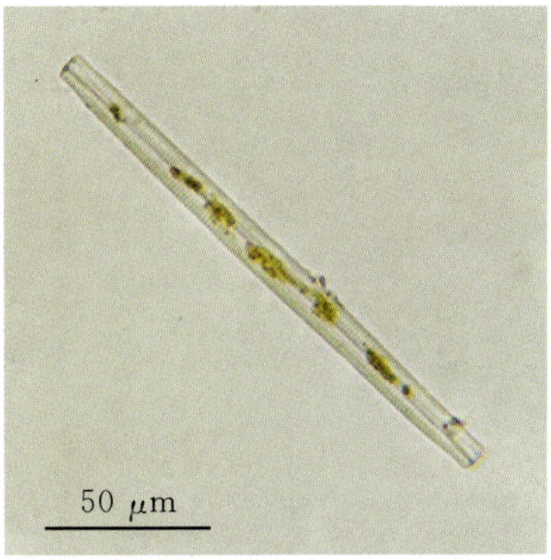

肘状针杆藻(带面观)
Synedra ulna

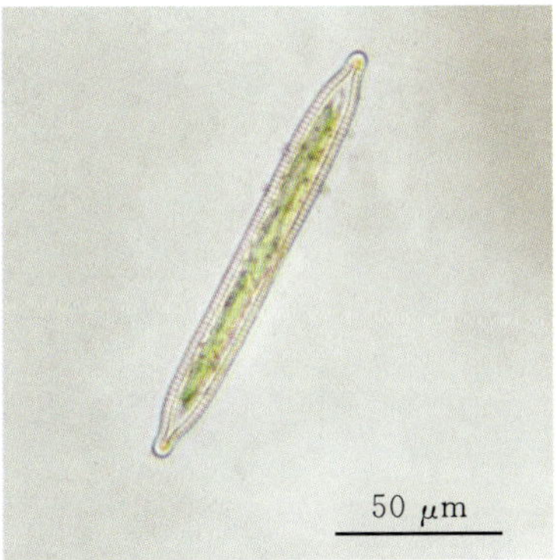

肘状针杆藻
Synedra ulna

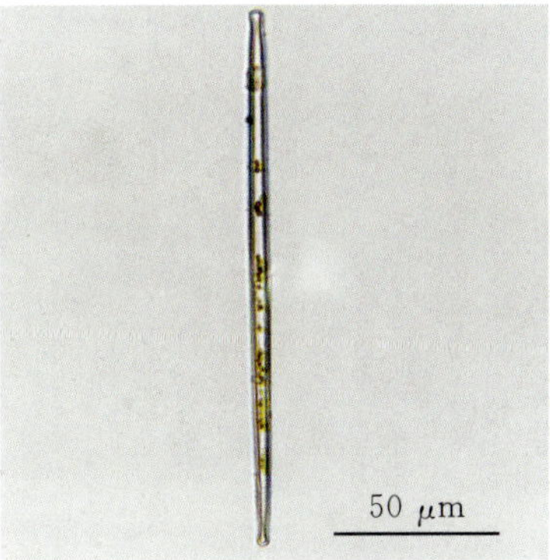

肘状针杆藻
Synedra ulna

图版Ⅲ-6

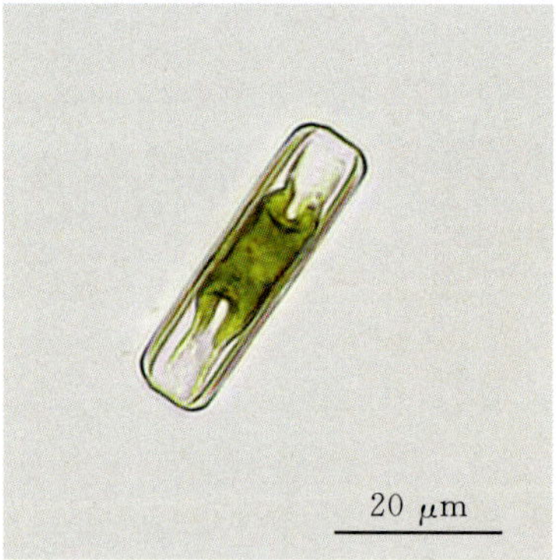

短缝藻

Eunotia sp.

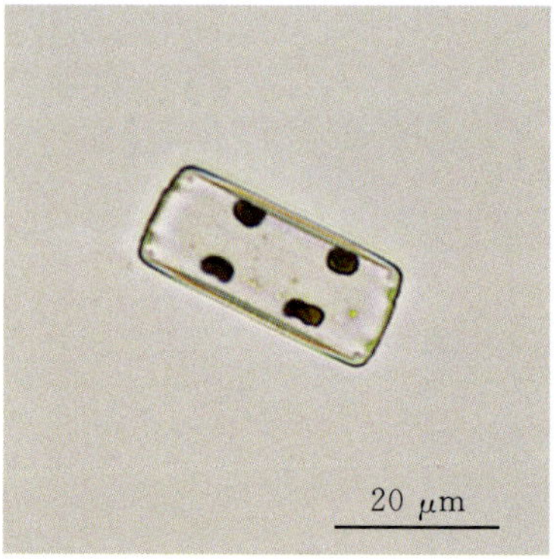

短缝藻

Eunotia sp.

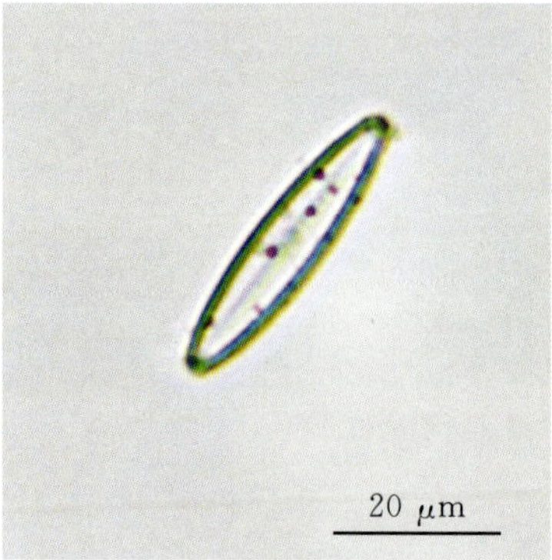

微绿肋缝藻

Frustulia viridula

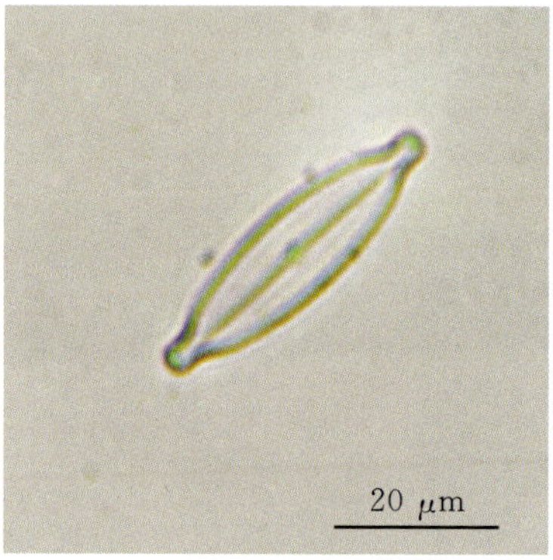

普通肋缝藻

Frustulia vulgaris

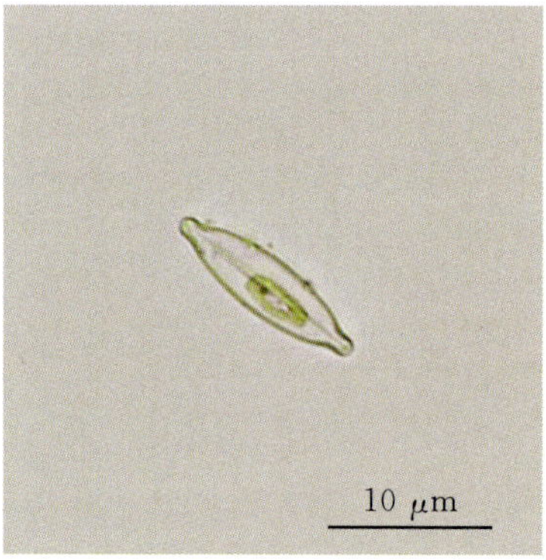

普通肋缝藻

Frustulia vulgaris

尖布纹藻

Gyrosigma acuminatum

图版Ⅲ-7

锉刀布纹藻
Gyrosigma scalproides

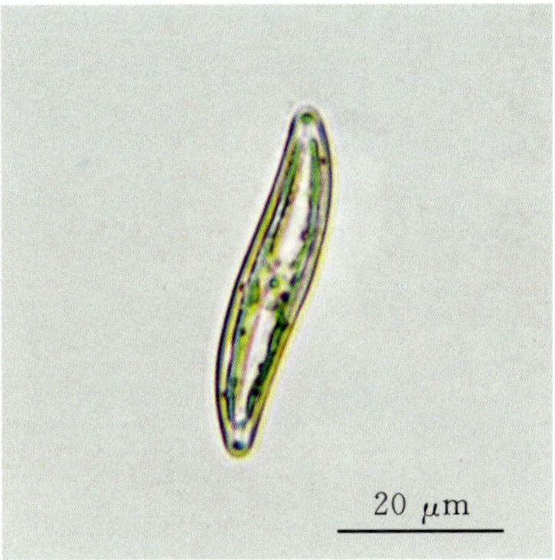

锉刀布纹藻
Gyrosigma scalproides

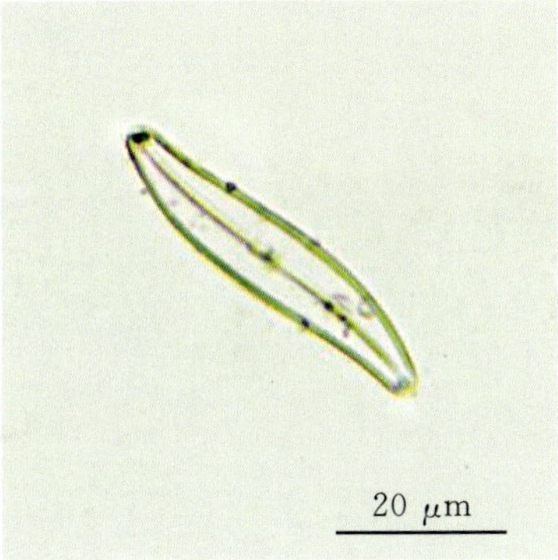

锉刀布纹藻
Gyrosigma scalproides

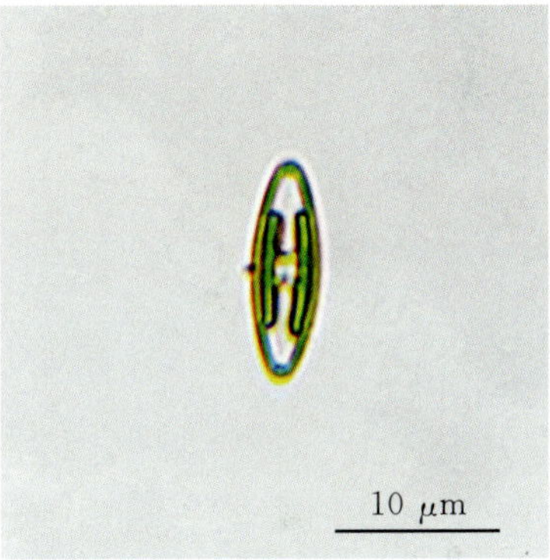

舟形藻
Navicula sp.

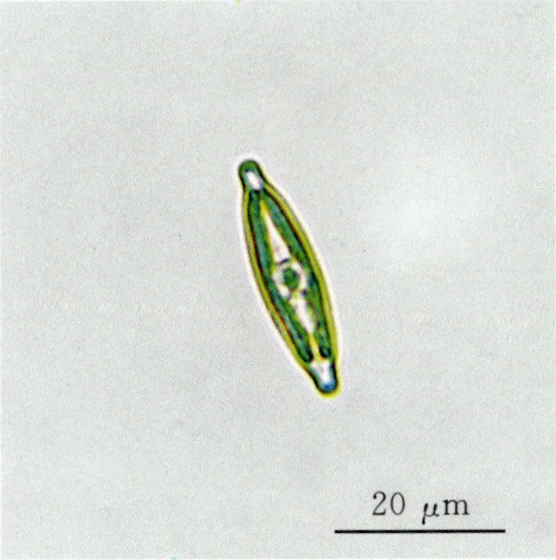

舟形藻
Navicula sp.

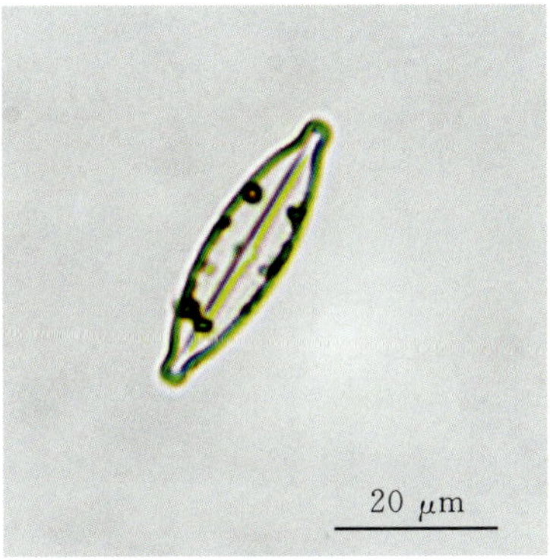

舟形藻
Navicula sp.

图版Ⅲ-8

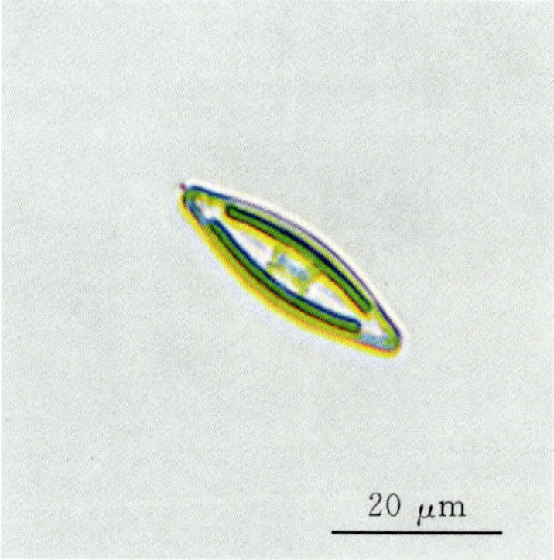

舟形藻

Navicula sp.

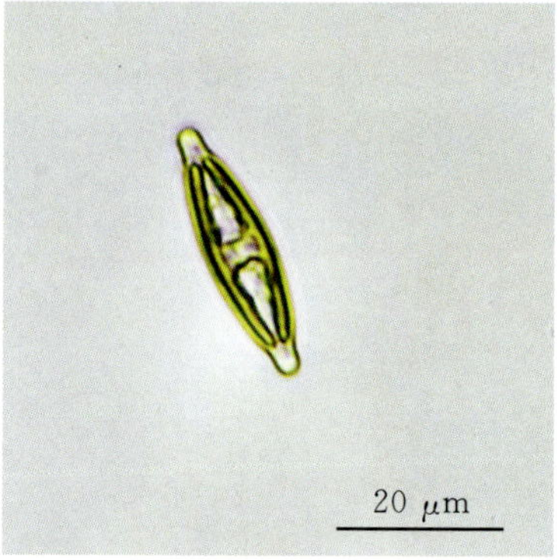

舟形藻

Navicula sp.

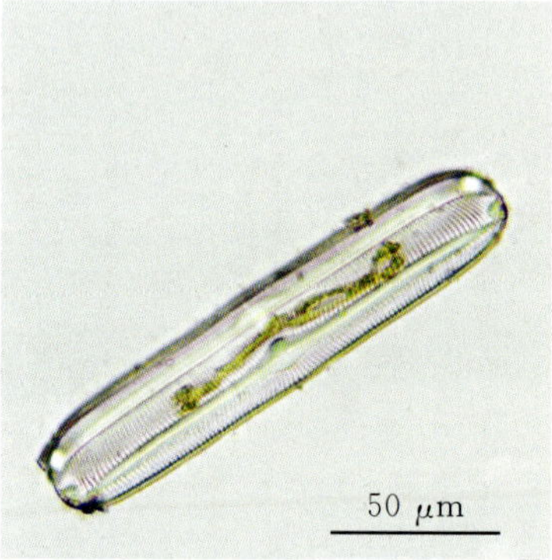

羽纹藻

Pinnularia sp.

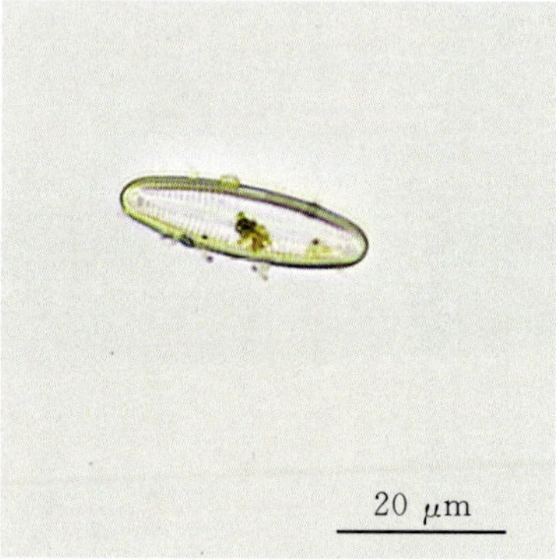

羽纹藻

Pinnularia sp.

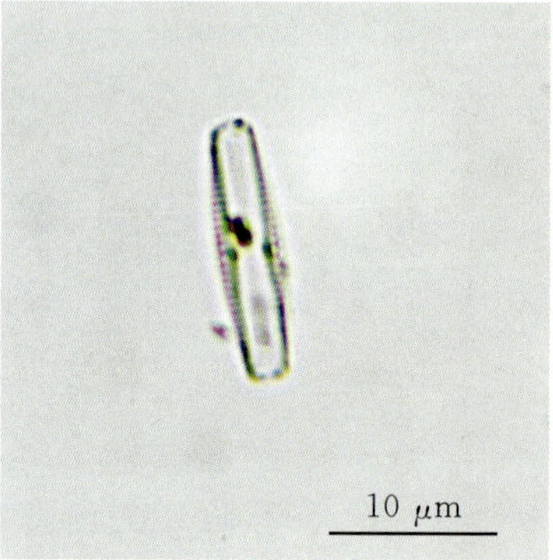

羽纹藻

Pinnularia sp.

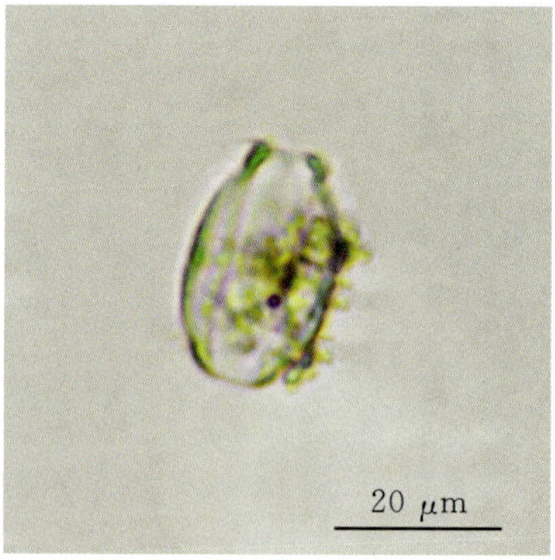

双眉藻

Amphora sp.

图版Ⅲ-9

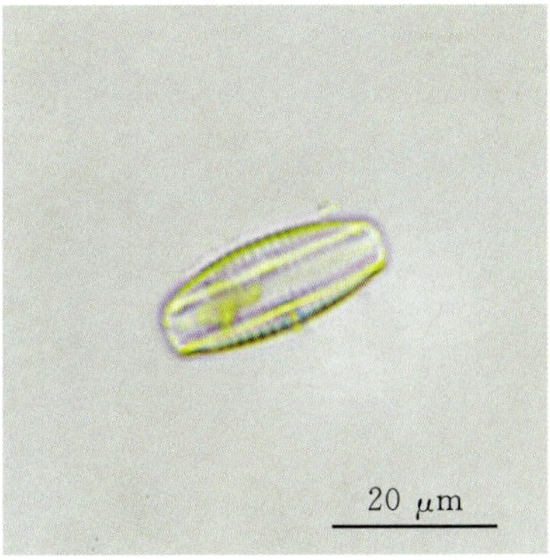

双眉藻
Amphora sp.

双眉藻
Amphora sp.

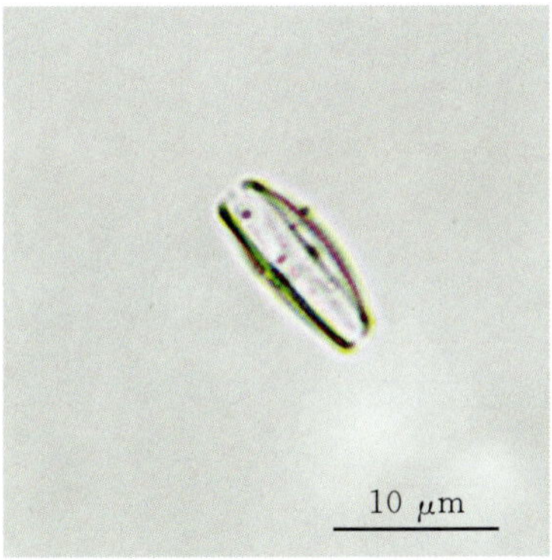

双眉藻
Amphora sp.

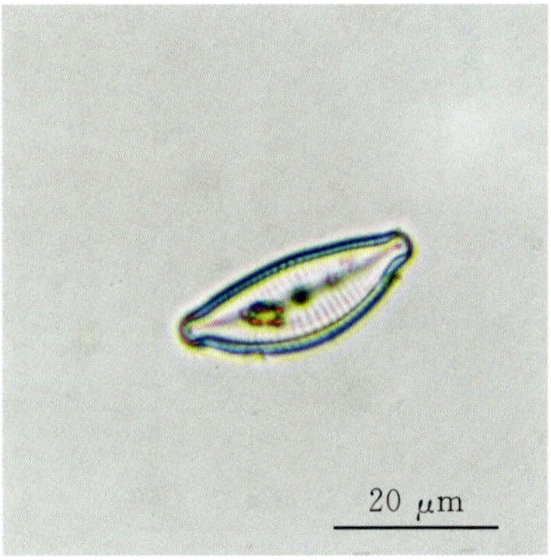

桥弯藻
Cymbella sp.

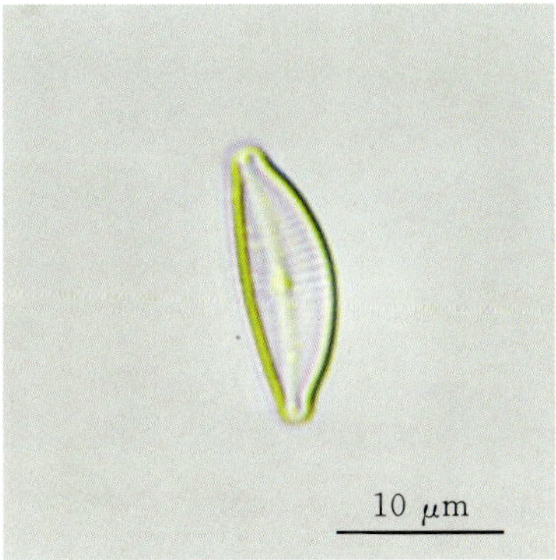

桥弯藻
Cymbella sp.

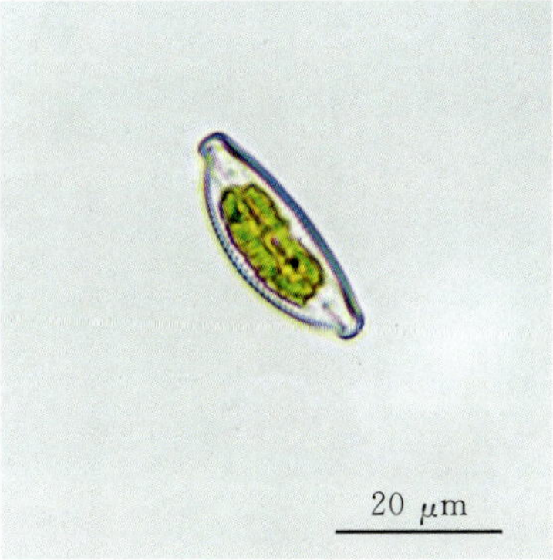

桥弯藻
Cymbella sp.

图版Ⅲ-10

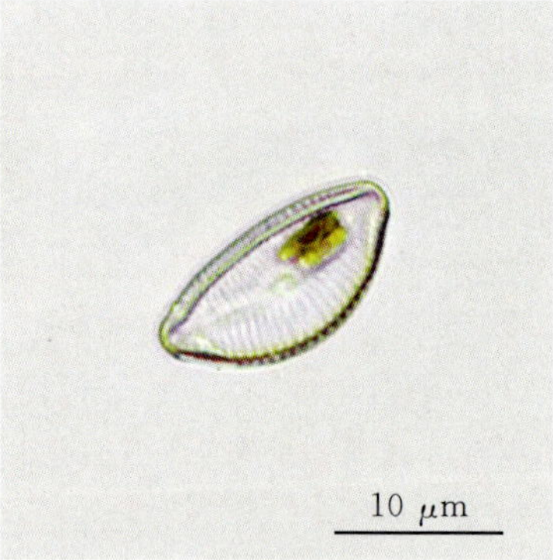

桥弯藻

Cymbella sp.

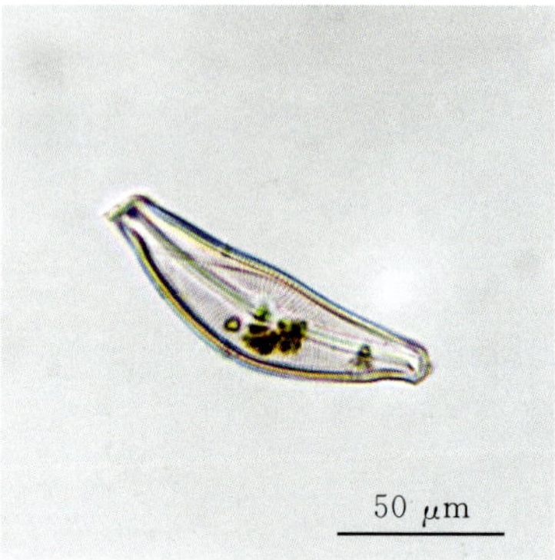

膨胀桥弯藻

Cymbella tumida

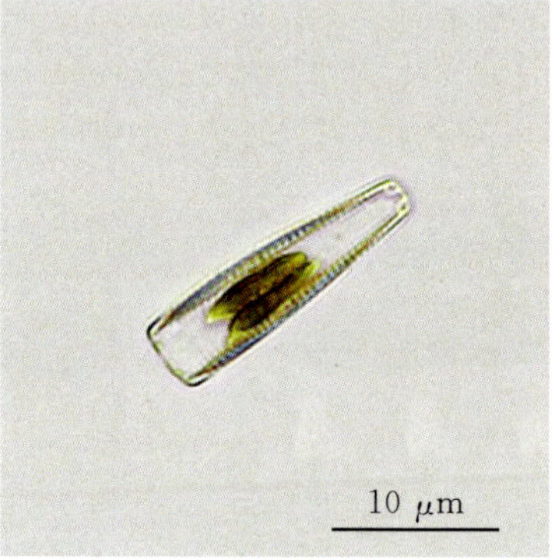

异极藻

Gomphonema sp.

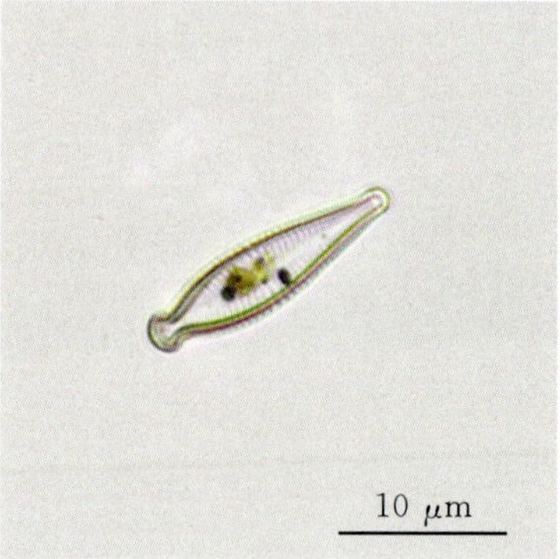

异极藻

Gomphonema sp.

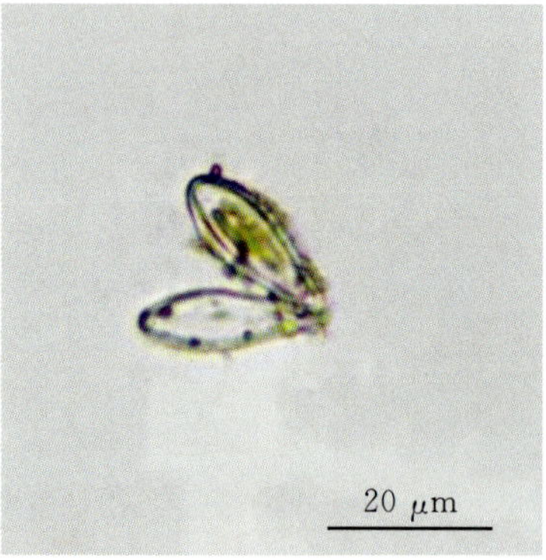

异极藻

Gomphonema sp.

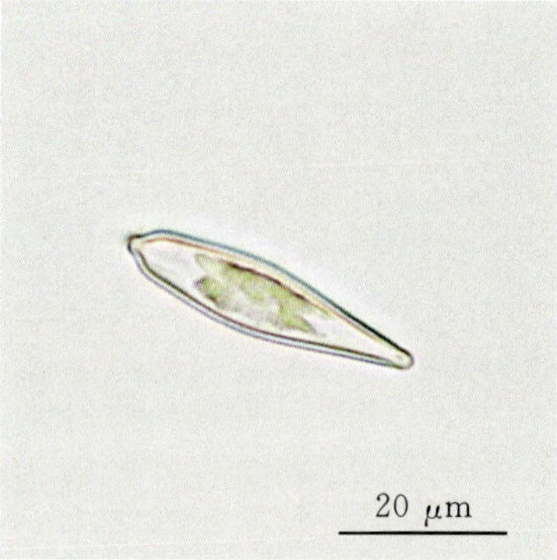

异极藻

Gomphonema sp.

图版Ⅲ-11

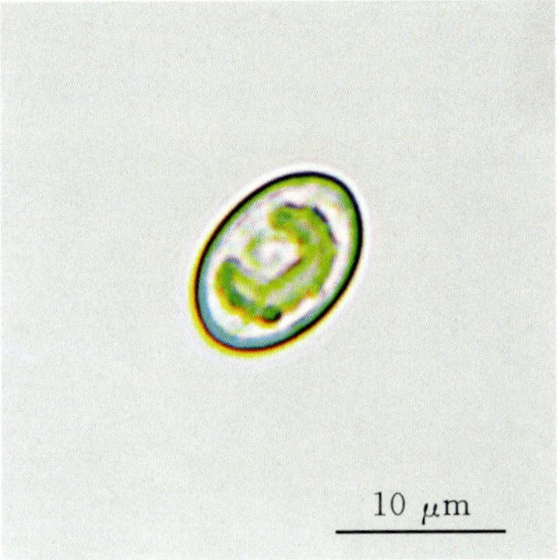

卵形藻
Cocconeis sp.

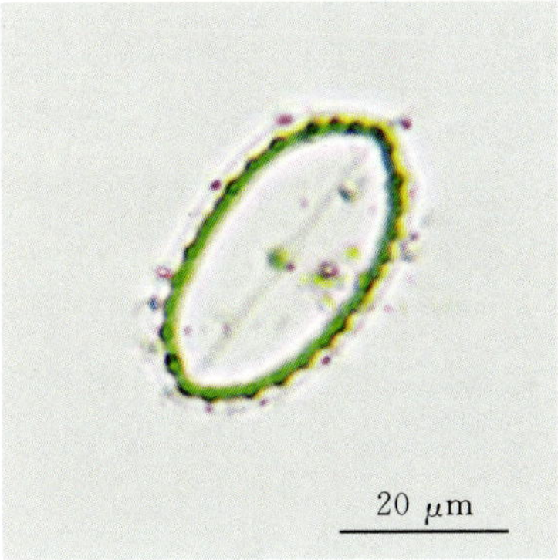

卵形藻
Cocconeis sp.

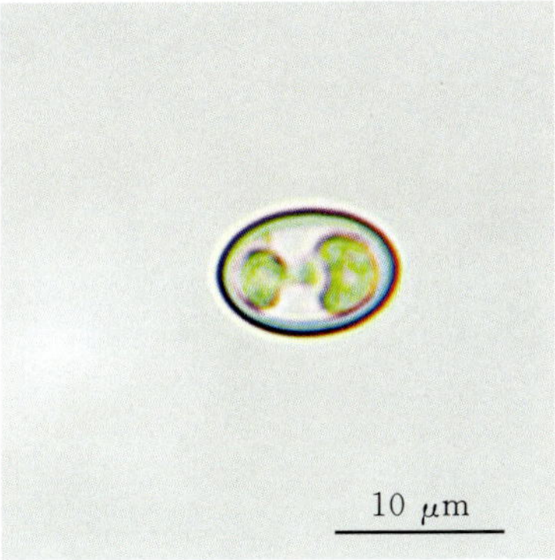

卵形藻
Cocconeis sp.

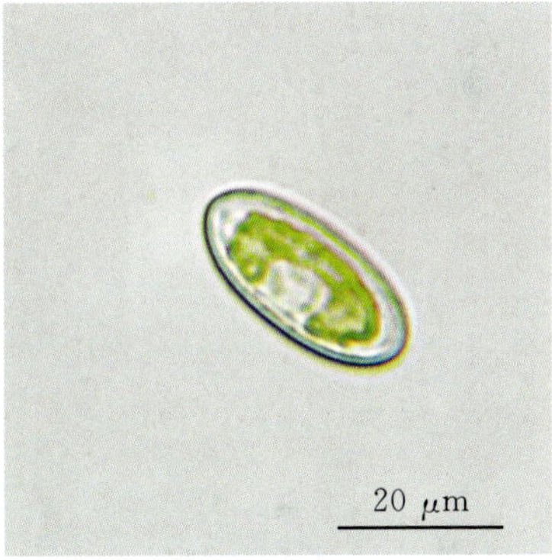

卵形藻
Cocconeis sp.

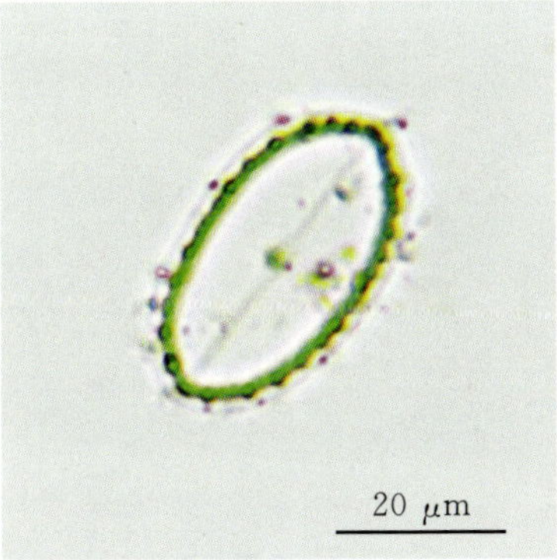

卵形藻
Cocconeis sp.

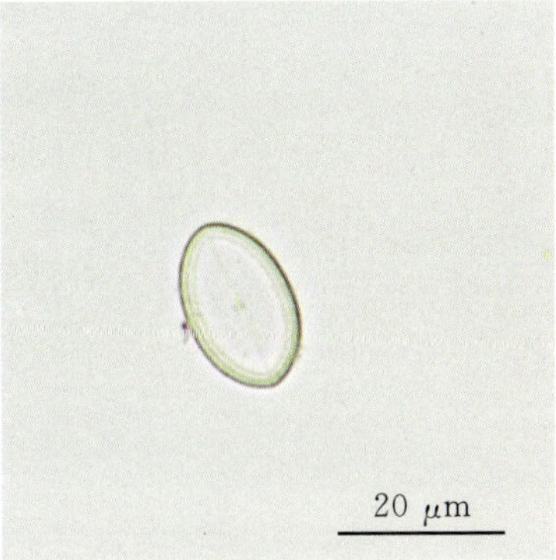

扁圆卵形藻
Cocconeis placentula

图版Ⅲ-12

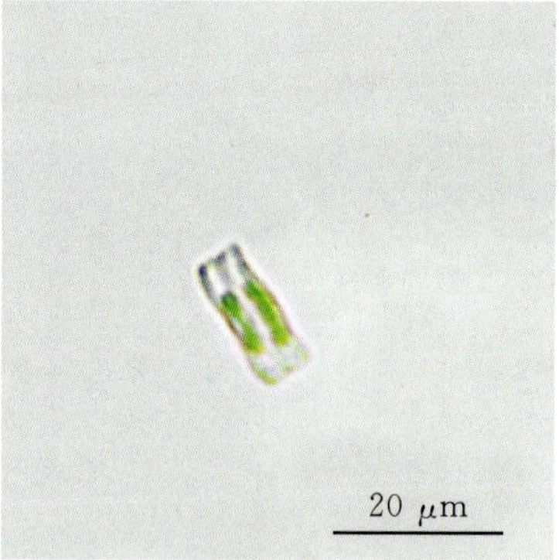

曲壳藻
Achnanthes sp.

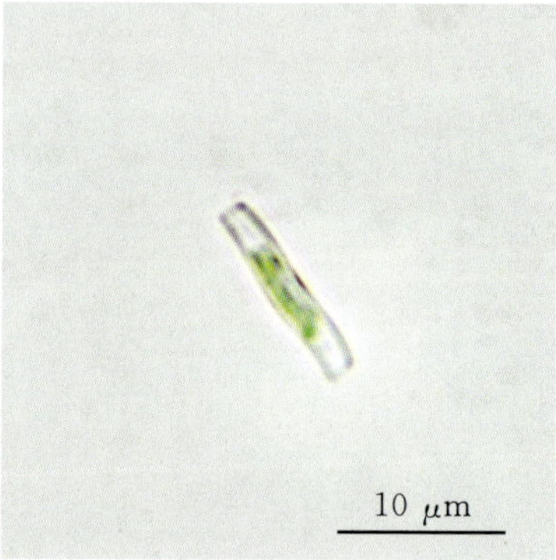

曲壳藻
Achnanthes sp.

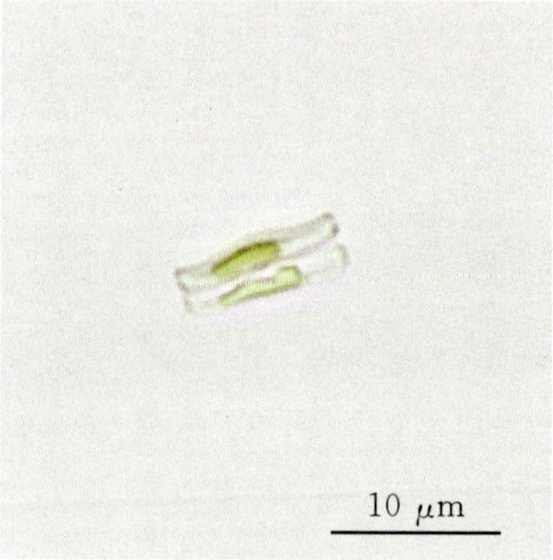

曲壳藻
Achnanthes sp.

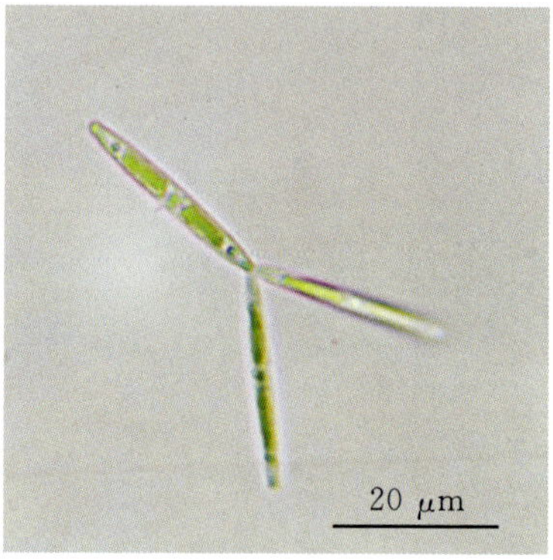

菱形藻
Nitzschia sp.

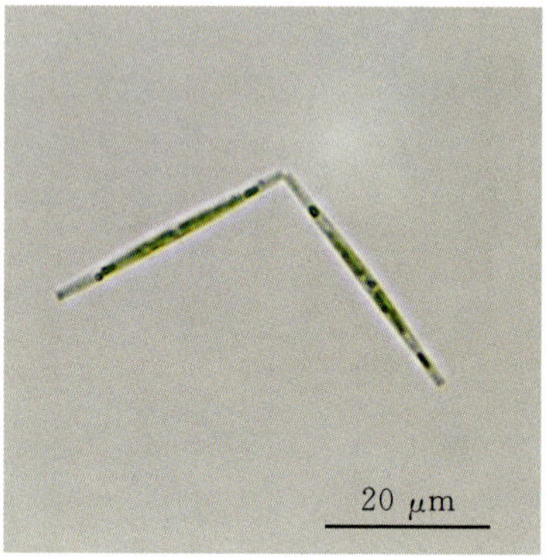

菱形藻
Nitzschia sp.

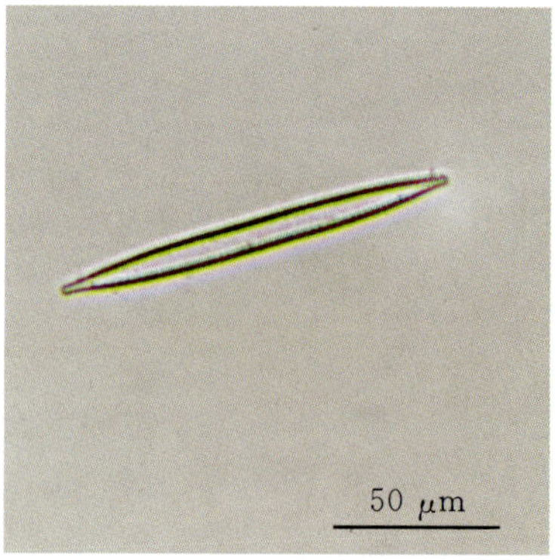

菱形藻
Nitzschia sp.

图版Ⅲ-13

谷皮菱形藻
Nitzschiapalea

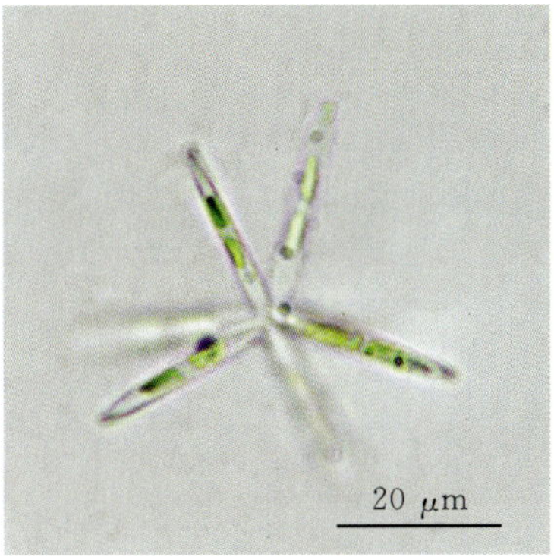

类辐星状菱形藻
Nitzschia actinastroide

类辐星状菱形藻
Nitzschia actinastroides

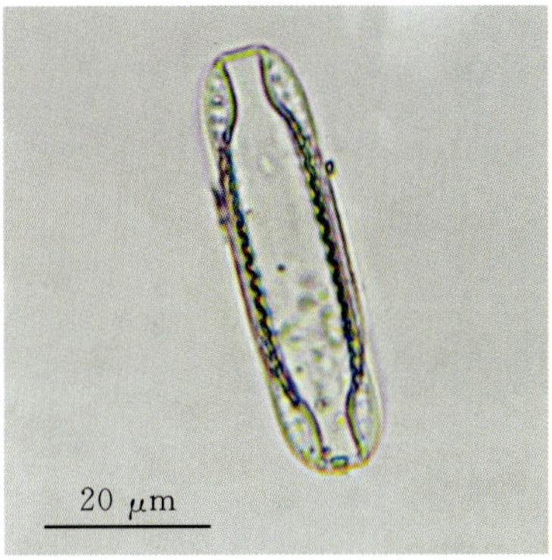

线形双菱藻
Surirella linearis

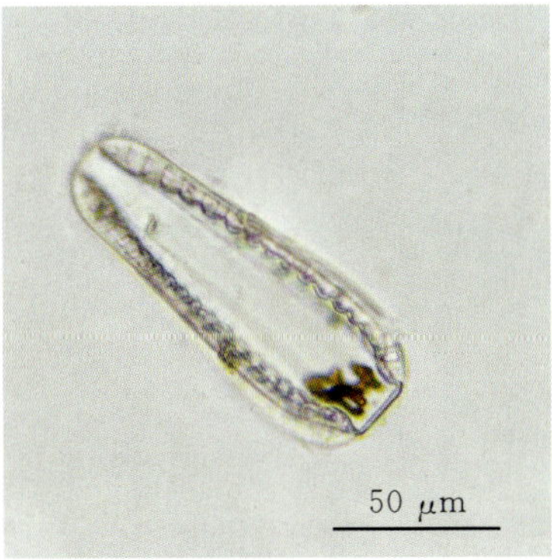

双菱藻
Surirella sp.

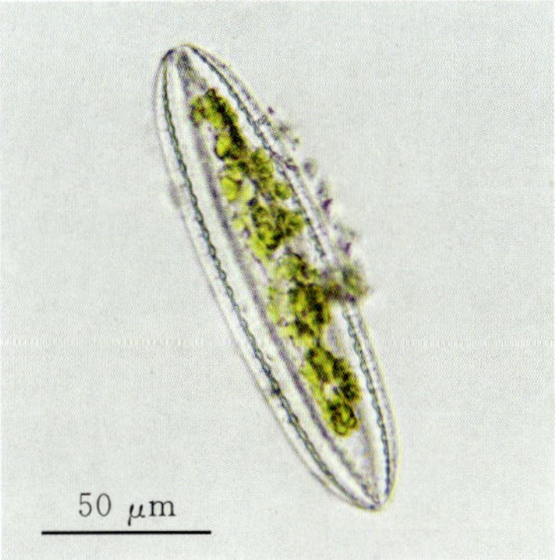

双菱藻
Surirella sp.

图版Ⅳ-1

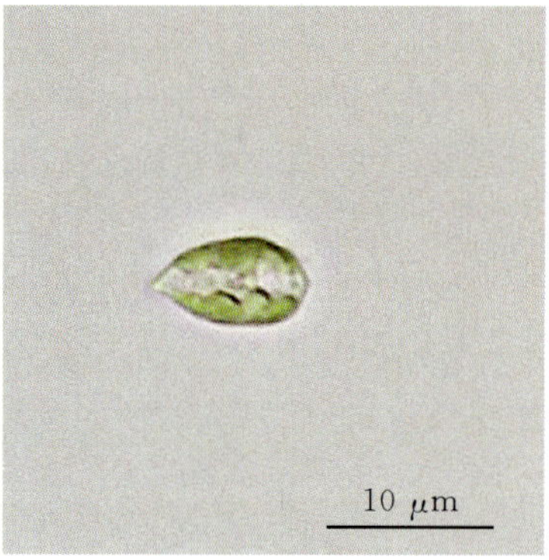

尖尾蓝隐藻

Chroomonas acuta

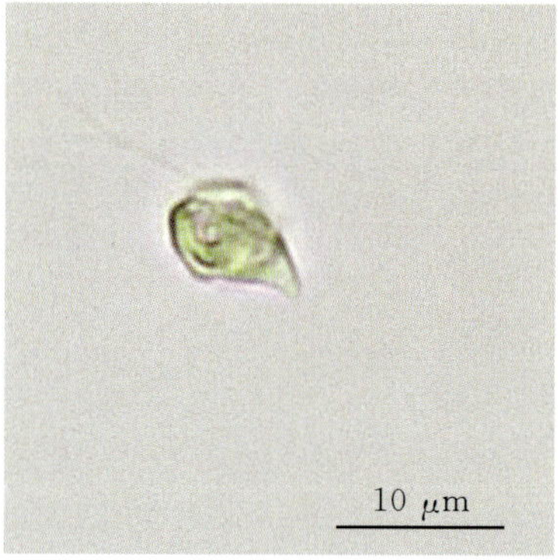

尖尾蓝隐藻

Chroomonas acuta

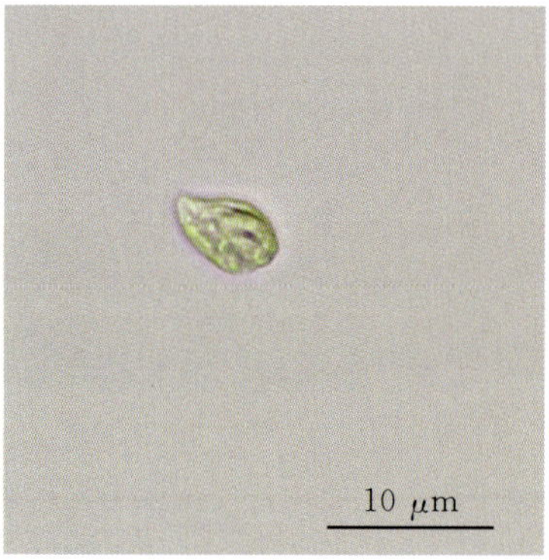

尖尾蓝隐藻

Chroomonas acuta

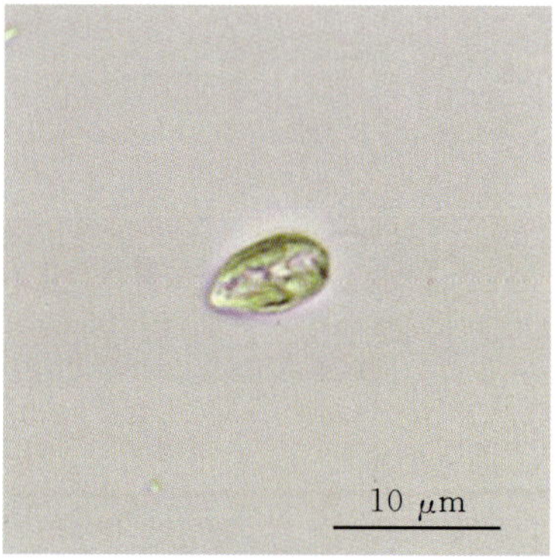

隐藻

Cryptomonas sp.

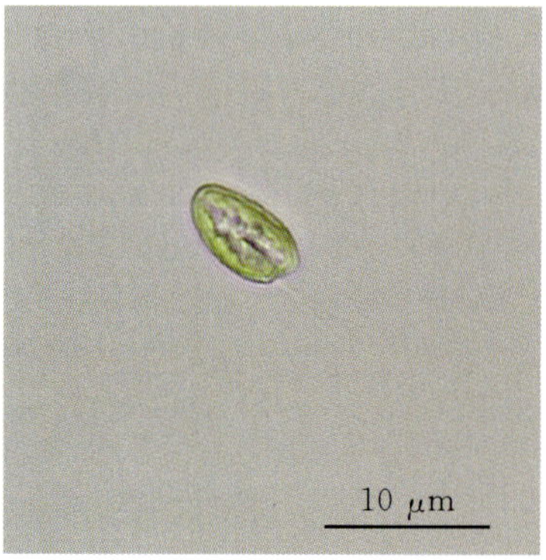

隐藻

Cryptomonas sp.

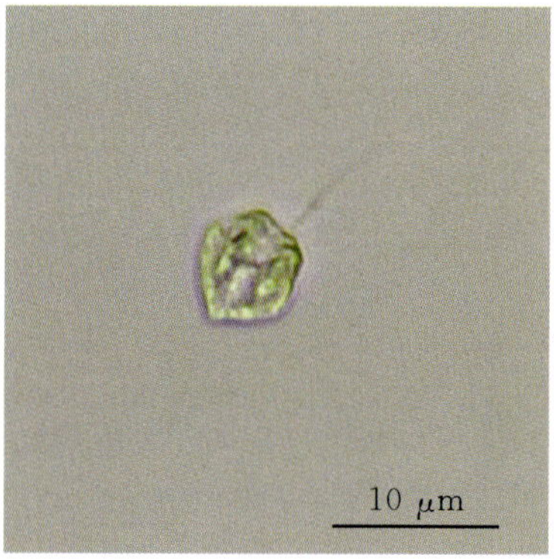

隐藻

Cryptomonas sp.

图版Ⅴ-1

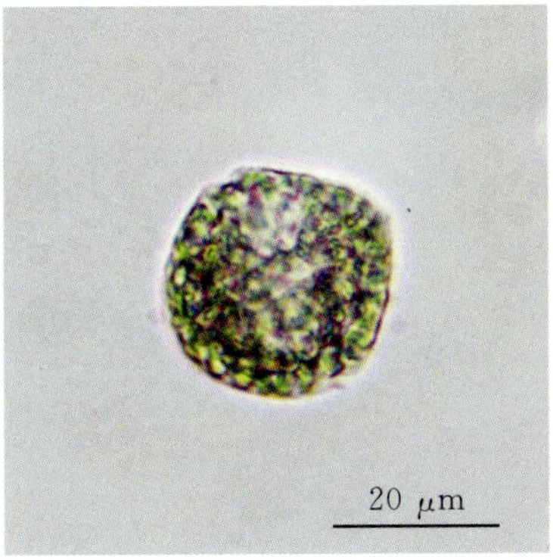

裸甲藻
Gymnodinium sp.

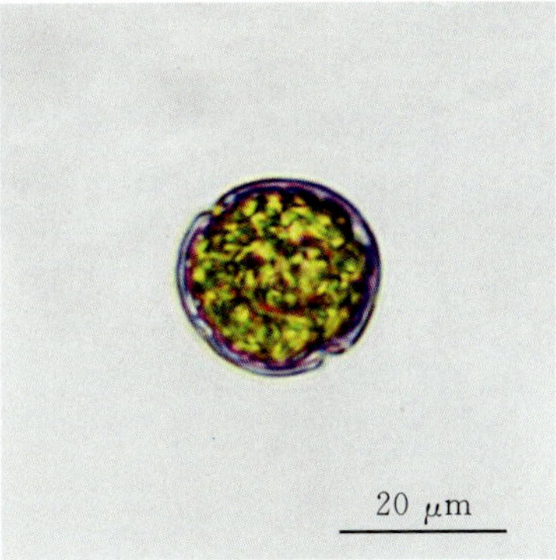

裸甲藻
Gymnodimium sp.

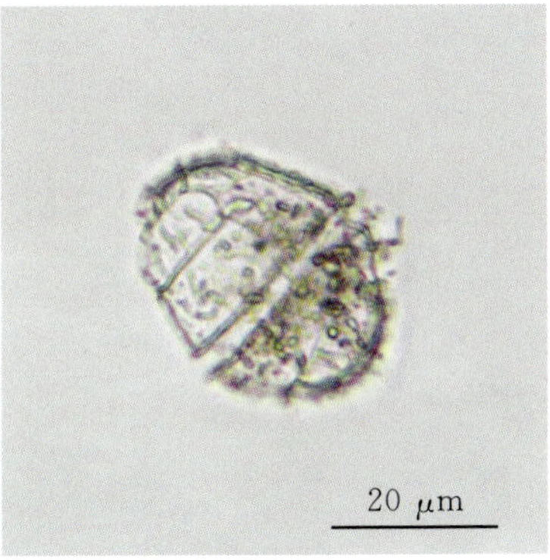

多甲藻
Peridinium sp.

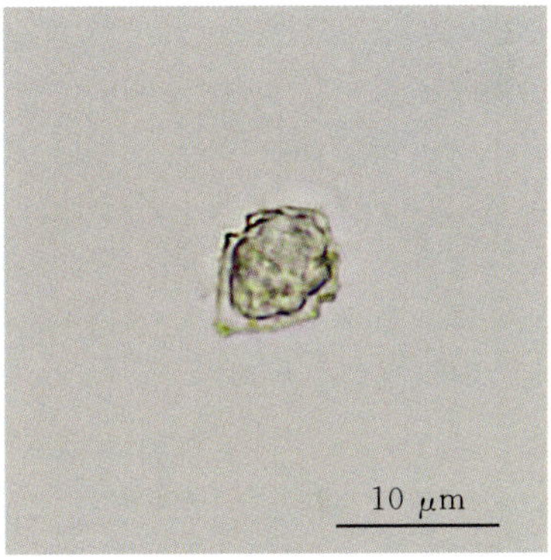

多甲藻
Peridinium sp.

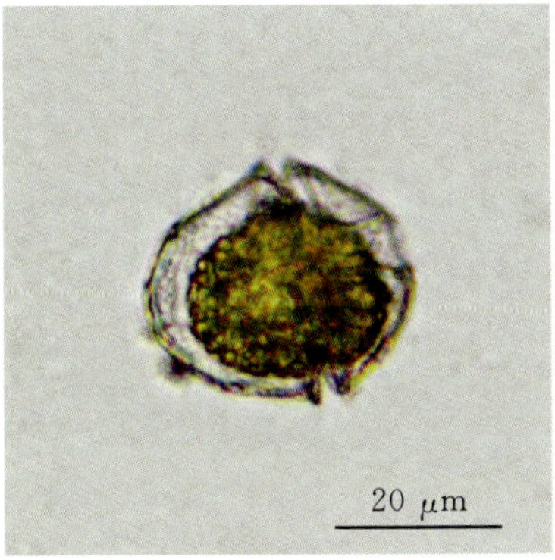

多甲藻
Peridinium sp.

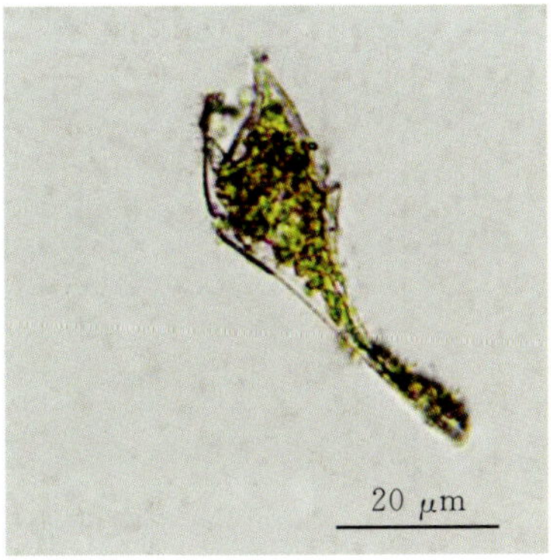

角甲藻
Ceratium sp.

图版Ⅵ-1

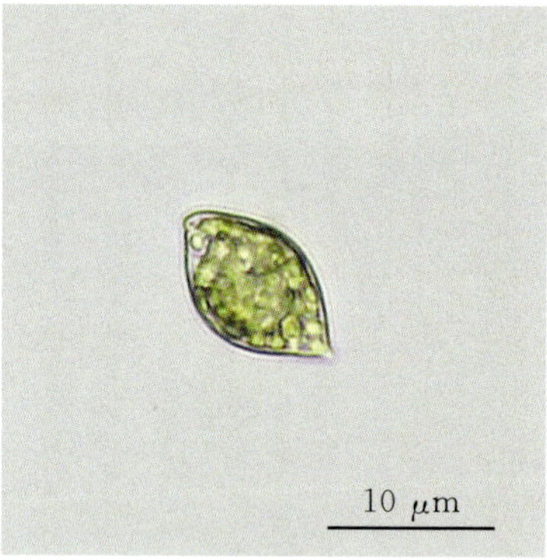

裸藻
Euglena sp.

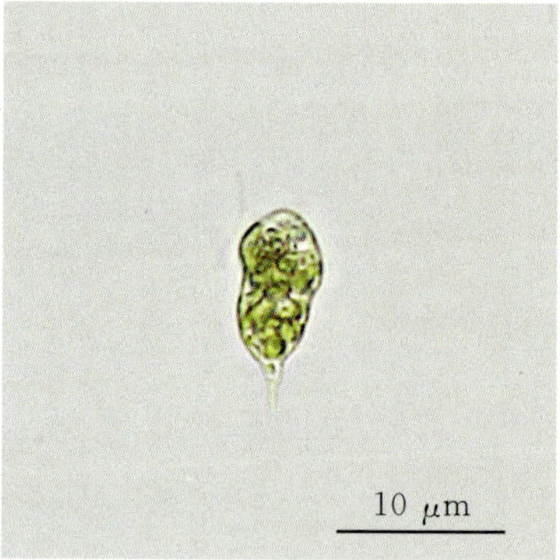

裸藻
Euglena sp.

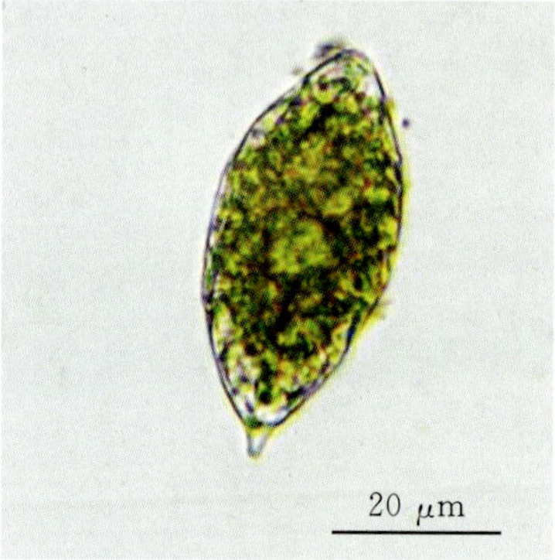

裸藻
Euglena sp.

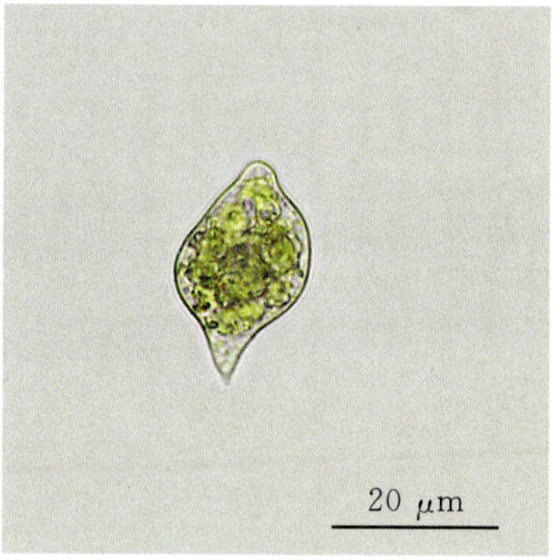

裸藻
Euglena sp.

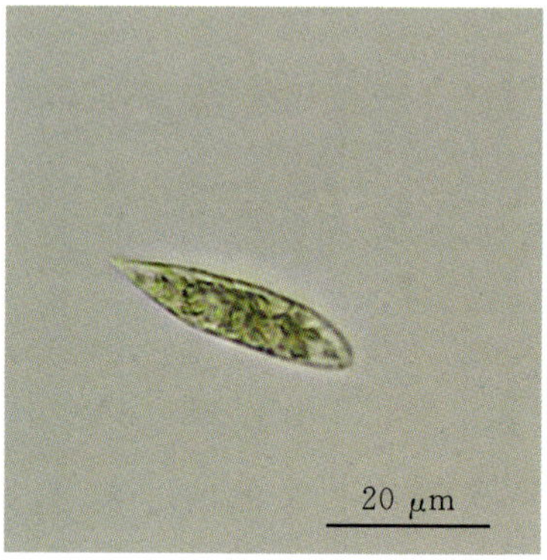

裸藻
Euglena sp.

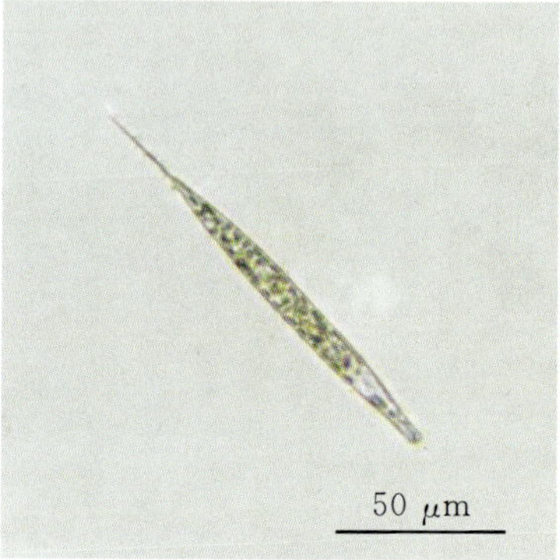

梭形裸藻
Euglena acus

图版Ⅵ-2

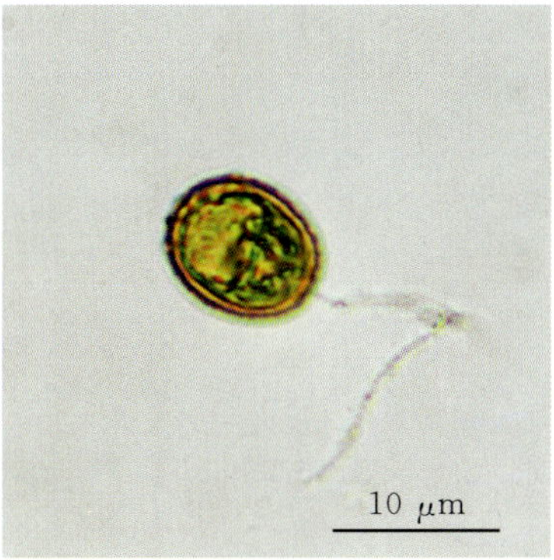

囊裸藻

Trachelomonas sp.

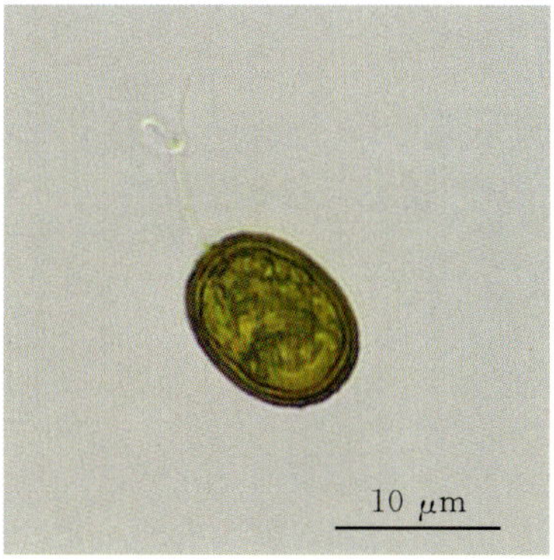

囊裸藻

Trachelomonas sp.

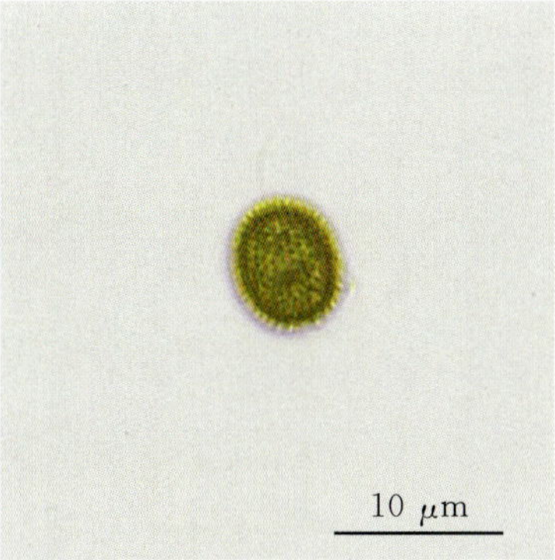

囊裸藻

Trachelomonas sp.

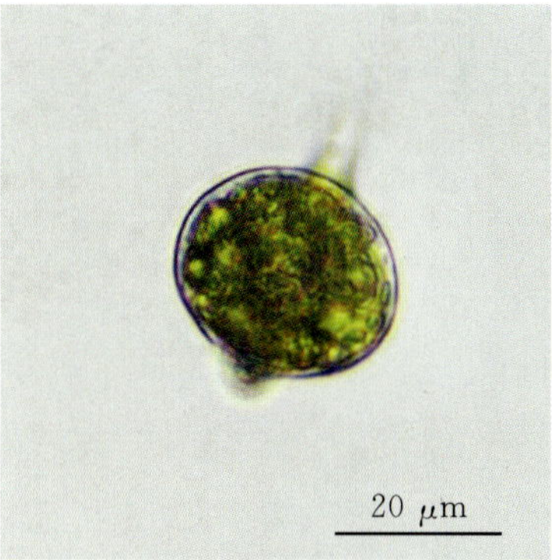

陀螺藻

Strombomonas sp.

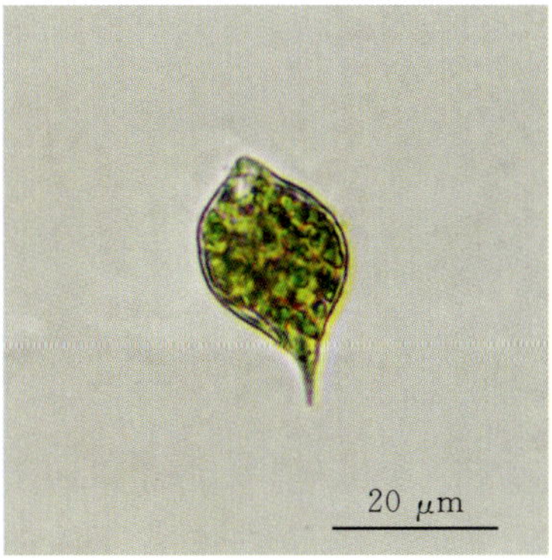

扁裸藻

Phacus sp.

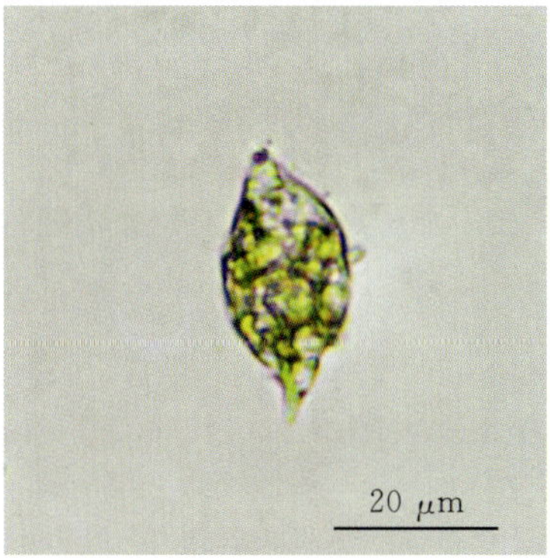

扁裸藻

Phacus sp.

图版Ⅶ-1

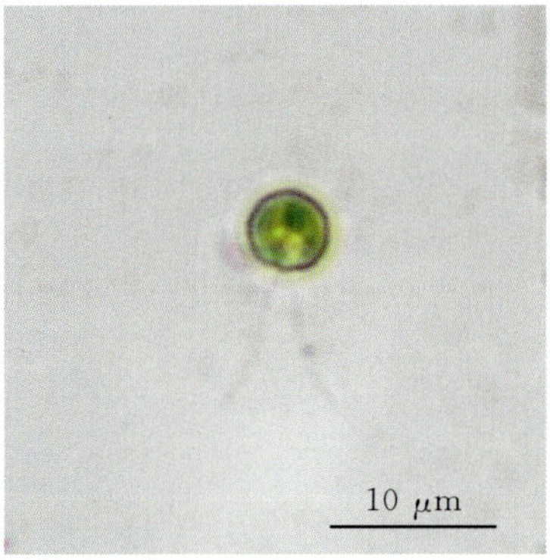

衣藻
Chlamydomonas sp.

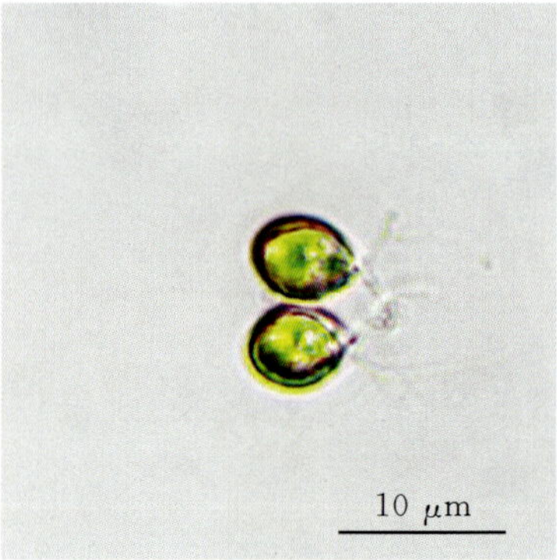

衣藻
Chlamydomonas sp.

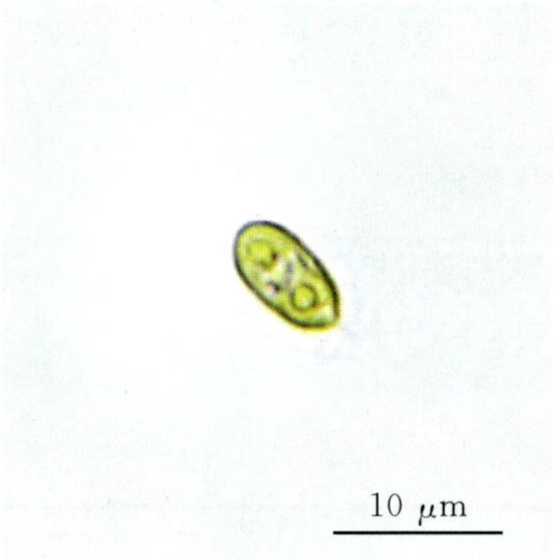

衣藻
Chlamydomonas sp.

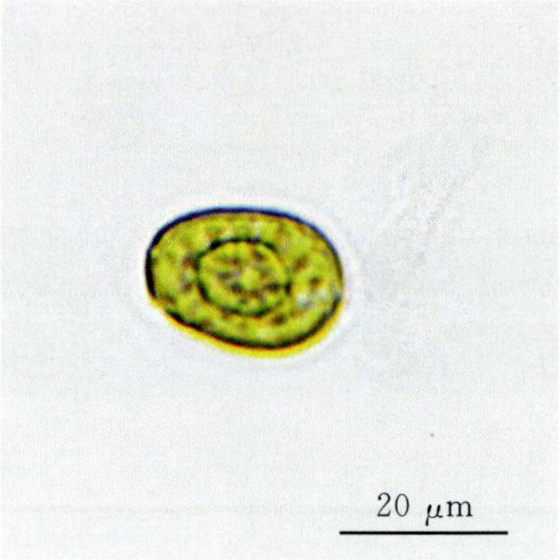

衣藻
Chlamydomonas sp.

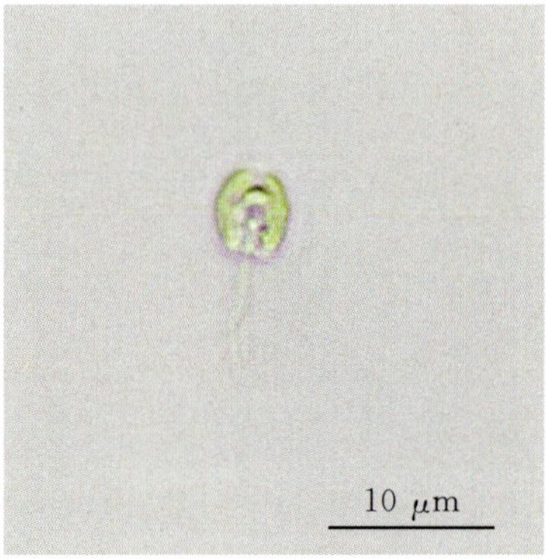

衣藻
Chlamydomonas sp.

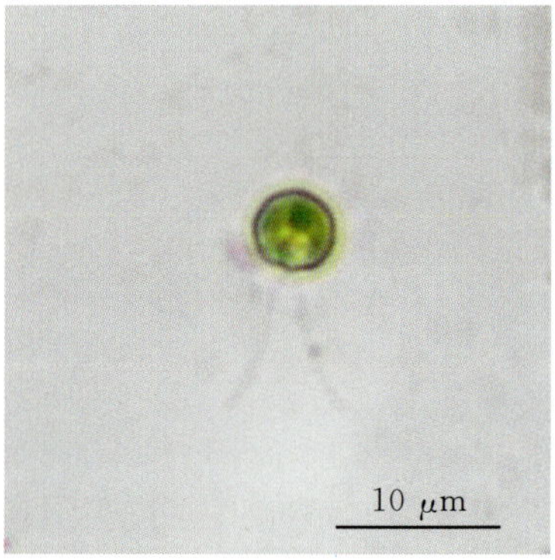

球衣藻
Chlamydomonas globosa

图版Ⅶ-2

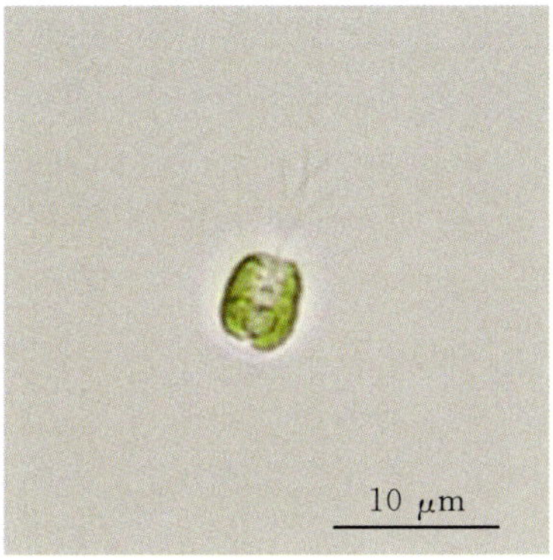

四鞭藻
Carteria sp.

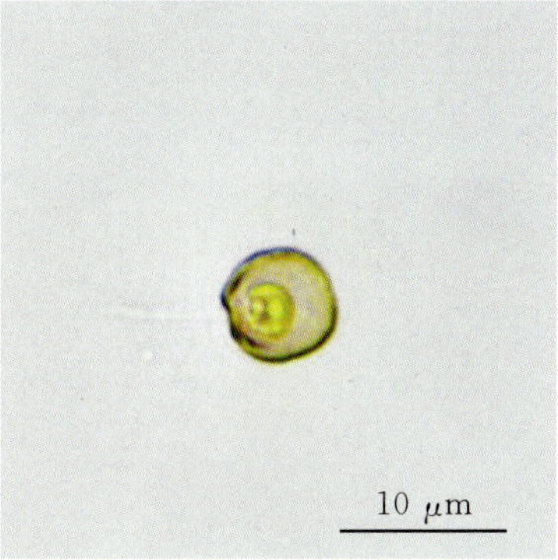

异形藻
Dysmorphococcus sp.

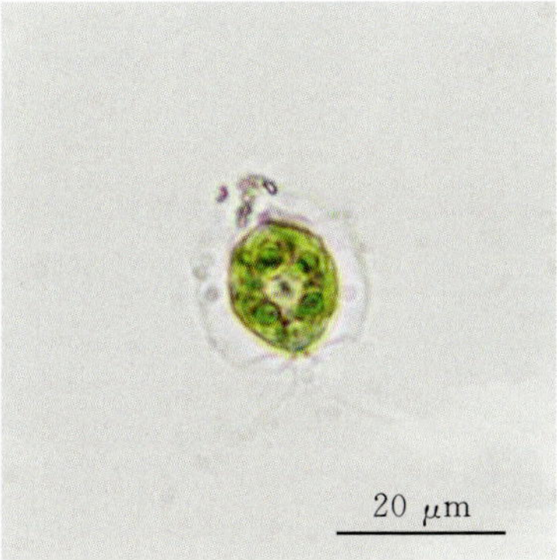

翼膜藻
Pteromonas sp.

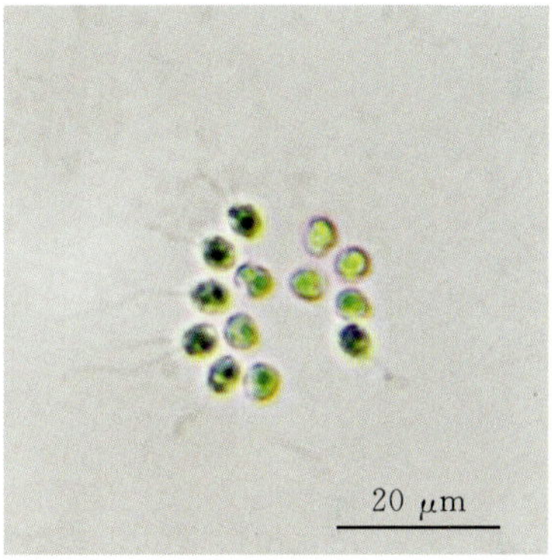

美丽盘藻
Gonium formosum

美丽盘藻
Gonium formosum

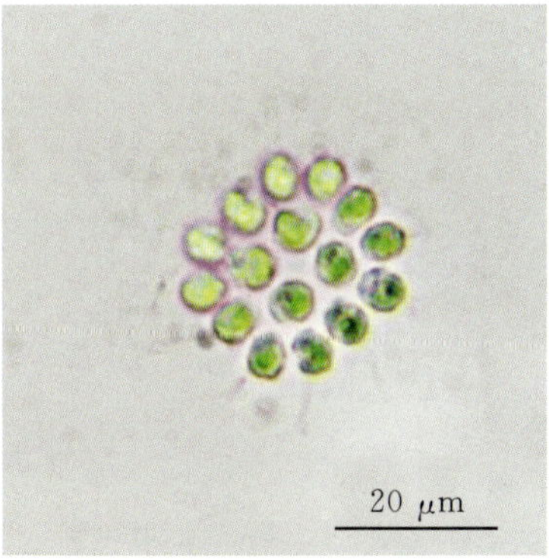

美丽盘藻
Gonium formosum

图版Ⅶ-3

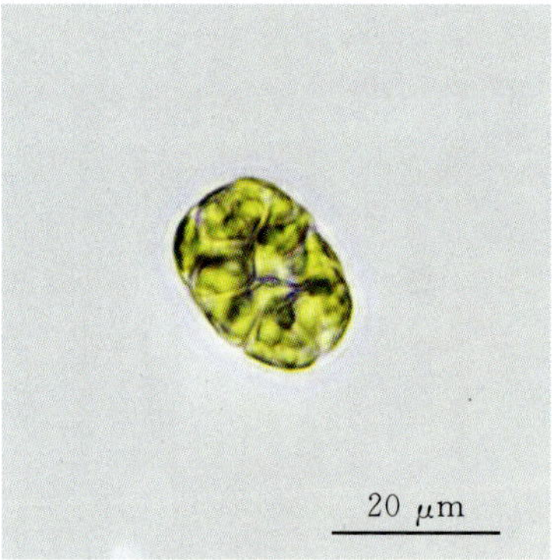

实球藻
Pandorina morum

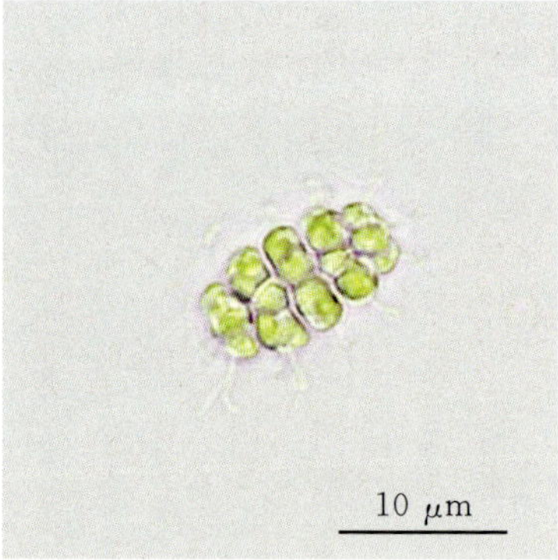

实球藻
Pandorina morum

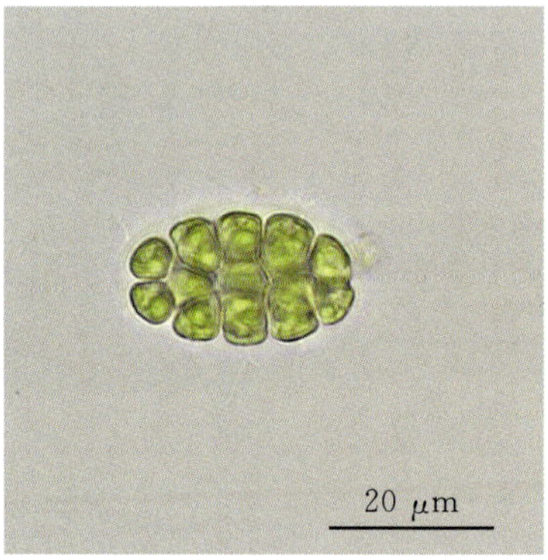

实球藻
Pandorina morum

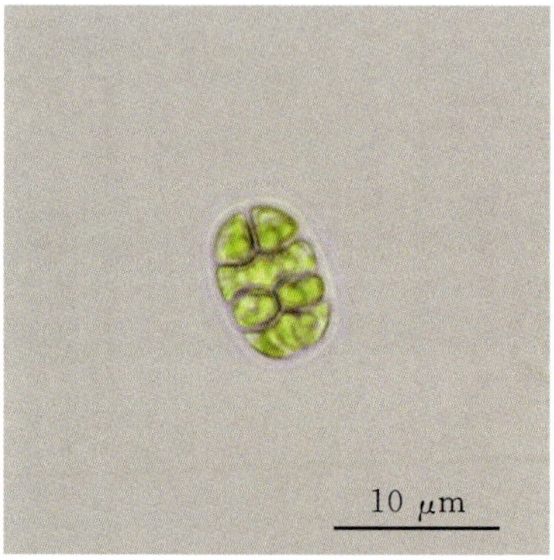

实球藻
Pandorina morum

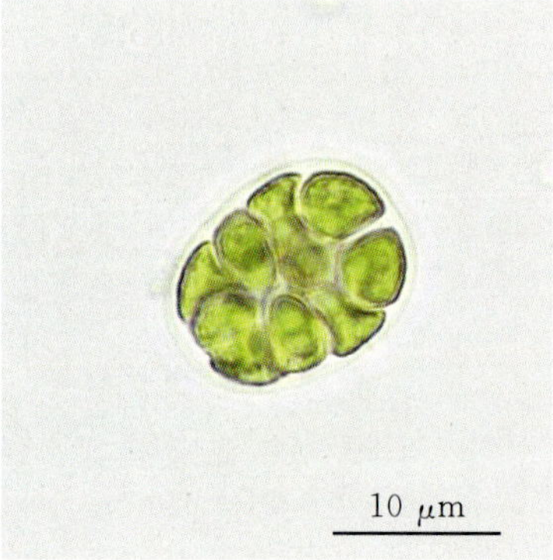

实球藻
Pandorina morum

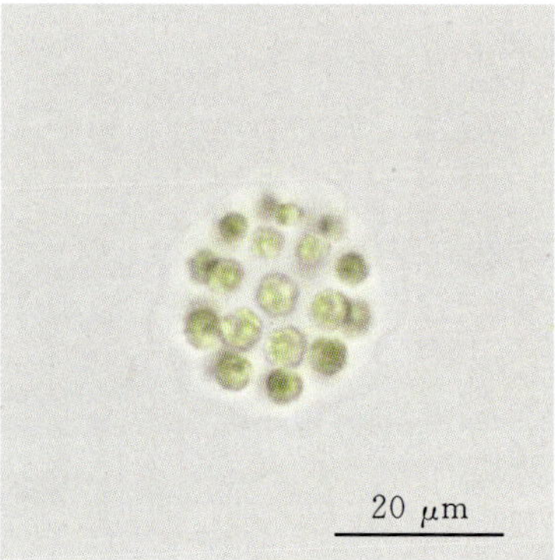

空球藻
Eudorina sp.

图版Ⅶ-4

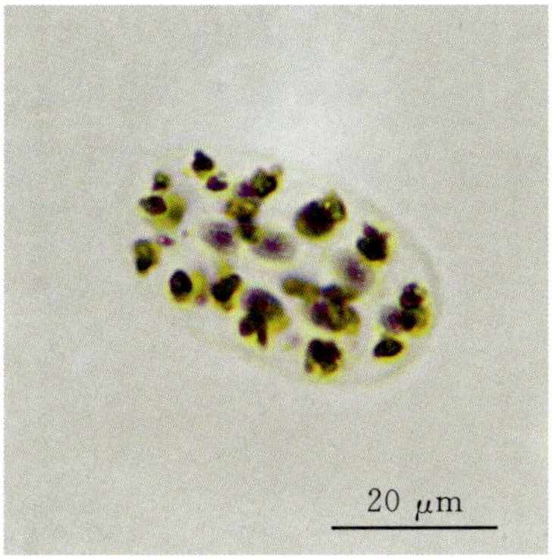

空球藻

Eudorina sp.

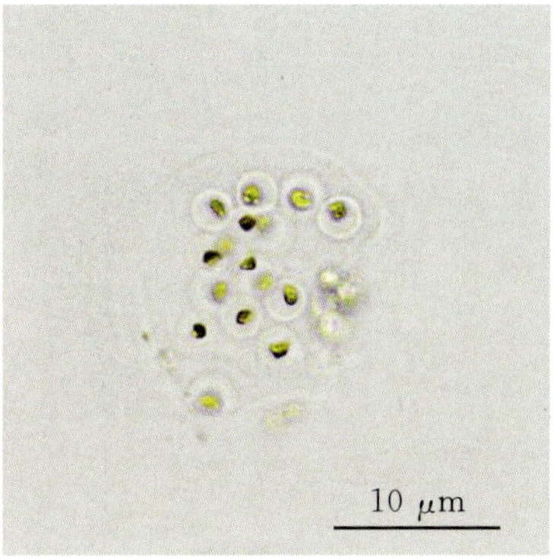

空球藻

Eudorina sp.

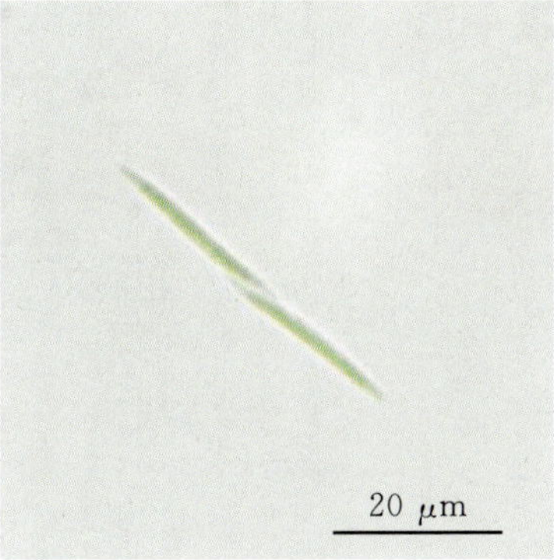

纺锤藻

Elakatothrix sp.

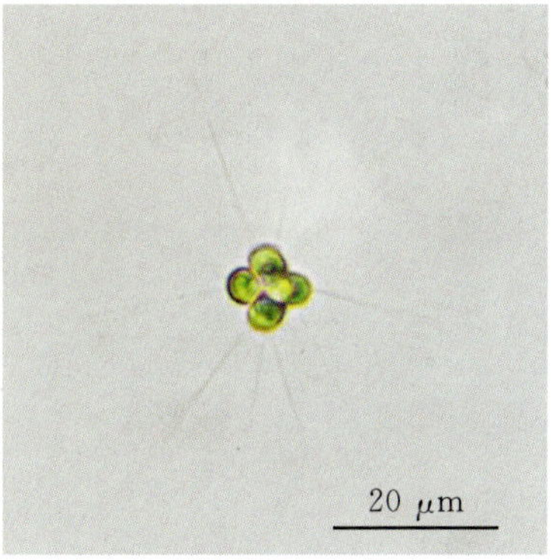

微芒藻

Golenkinia sp.

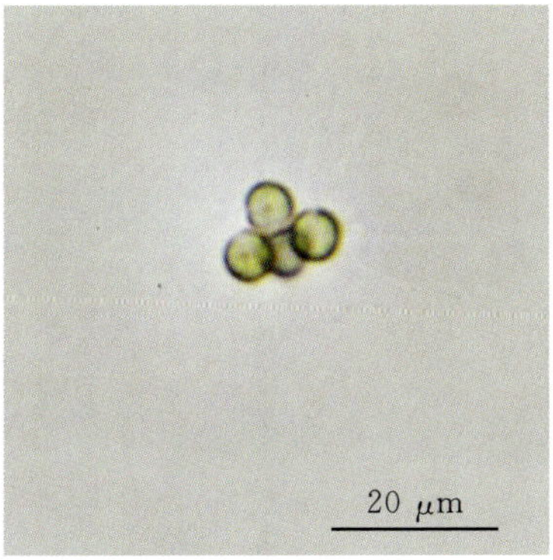

微芒藻

Golenkinia sp.

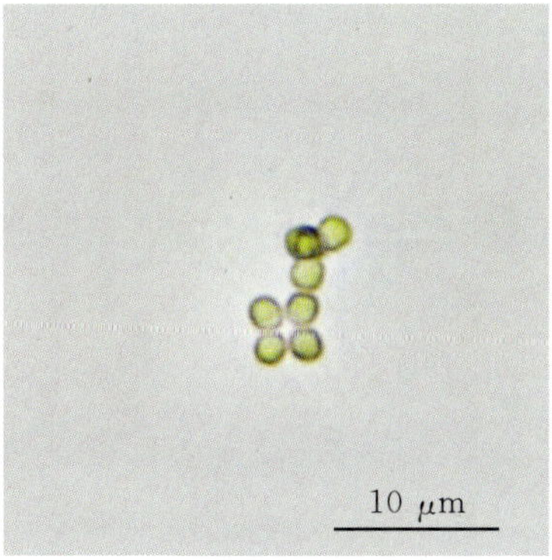

微芒藻

Golenkinia sp.

图版Ⅶ－5

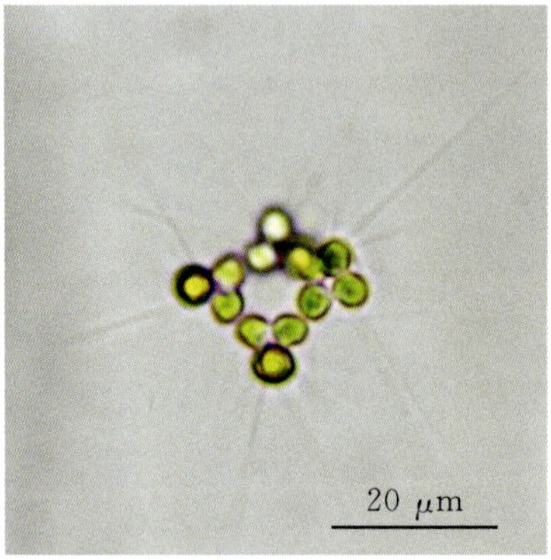

粗刺微芒藻
Micractinium crassisetum

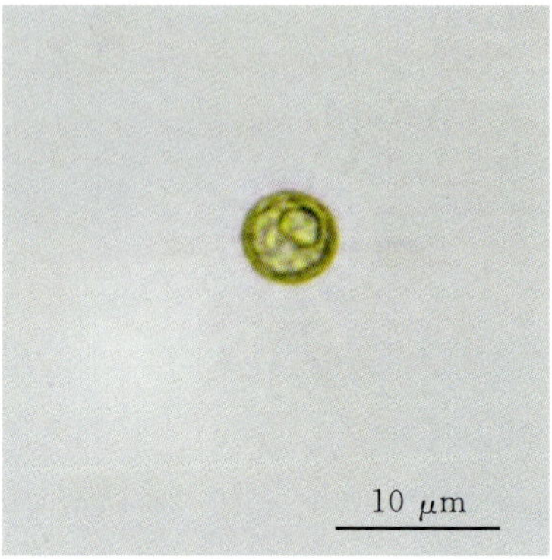

多芒藻
Golenkinia radiata

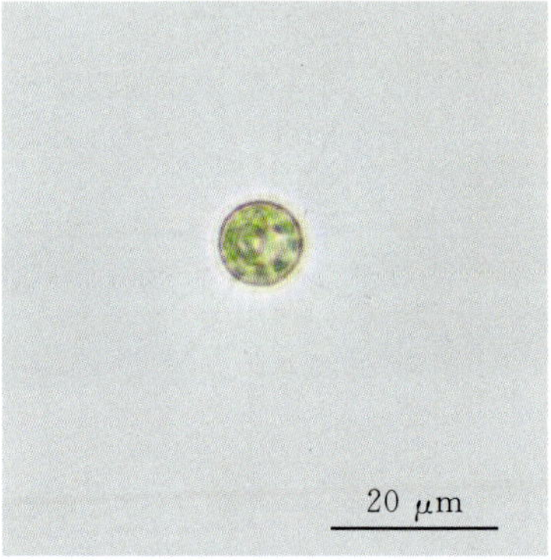

多芒藻
Golenkinia radiata

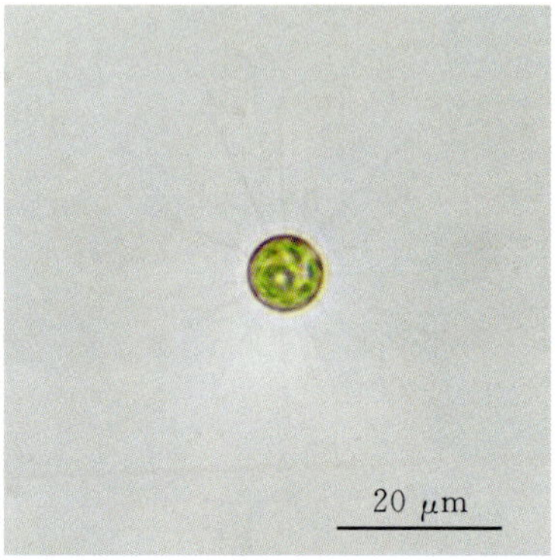

多芒藻
Golenkinia radiata

多芒藻
Golenkinia radiata

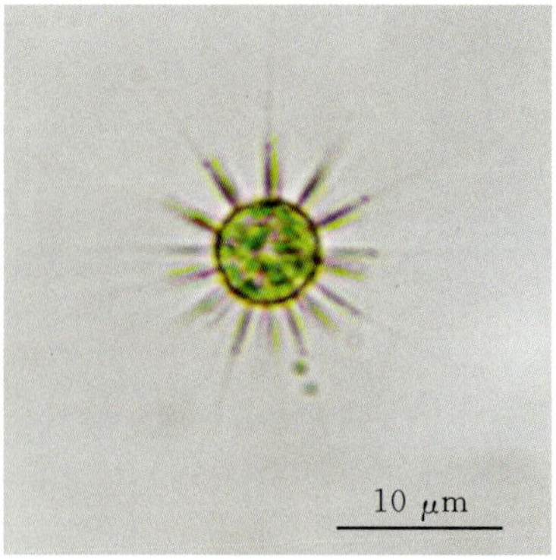

粗刺藻
Acanthosphaera zachariazi

图版Ⅶ-6

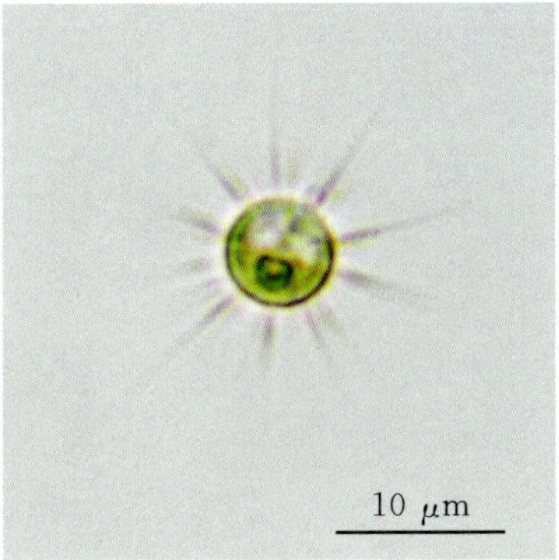

粗刺藻
Acanthosphaera zachariazi

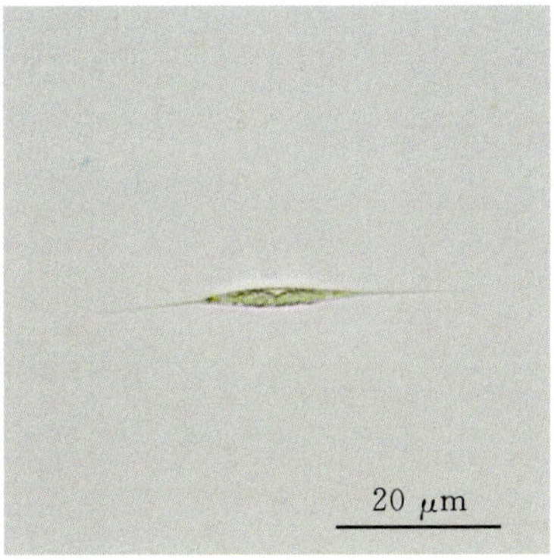

弓形藻
Schroederia setigera

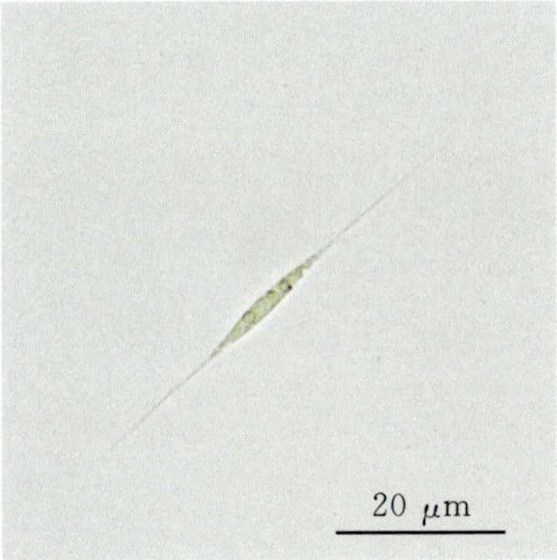

弓形藻
Schroederia setigera

硬弓形藻
Schroederia robusta

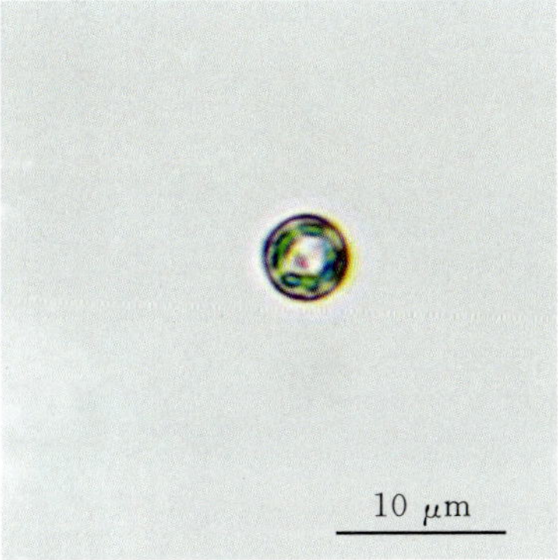

小球藻
Chlorella sp.

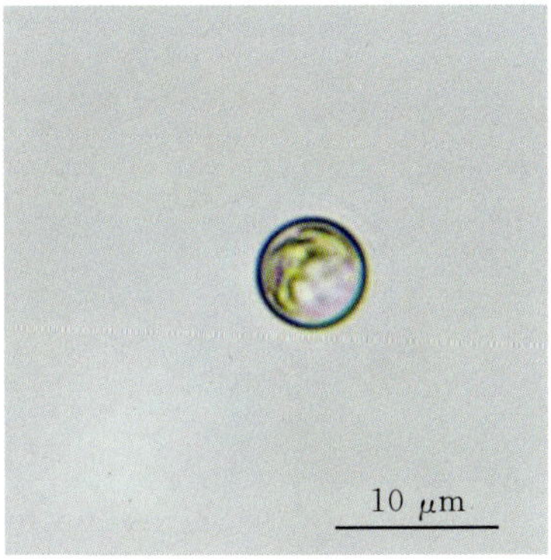

小球藻
Chlorella sp.

图版Ⅶ－7

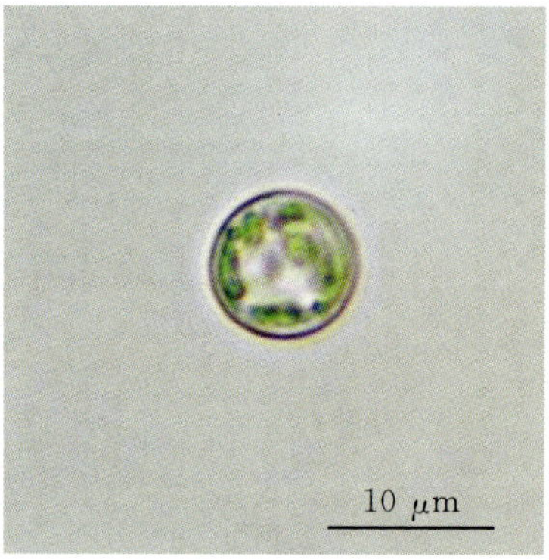

小球藻
Chlorella sp.

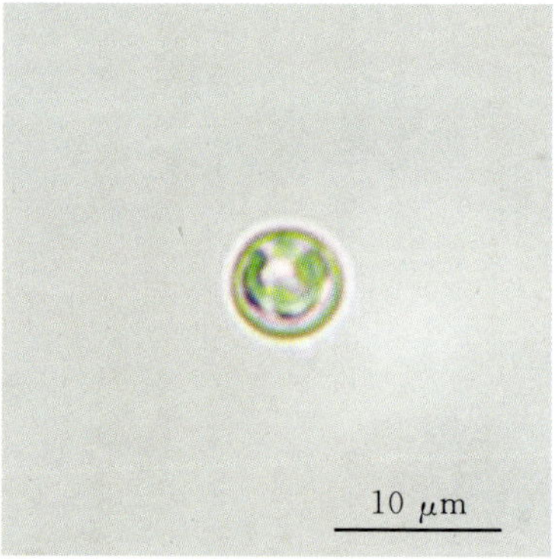

小球藻
Chlorella sp.

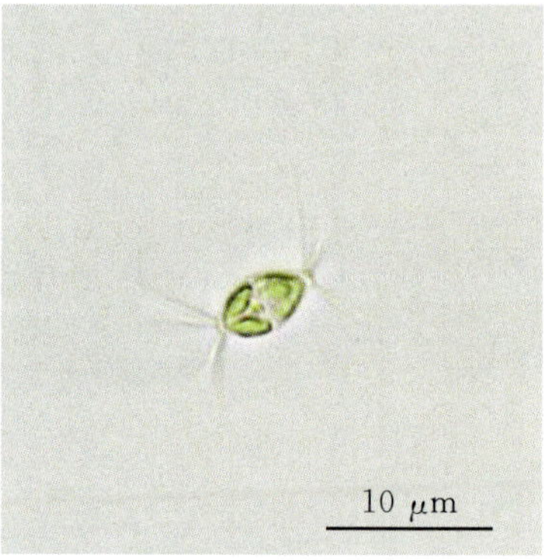

顶棘藻
Chodatella sp.

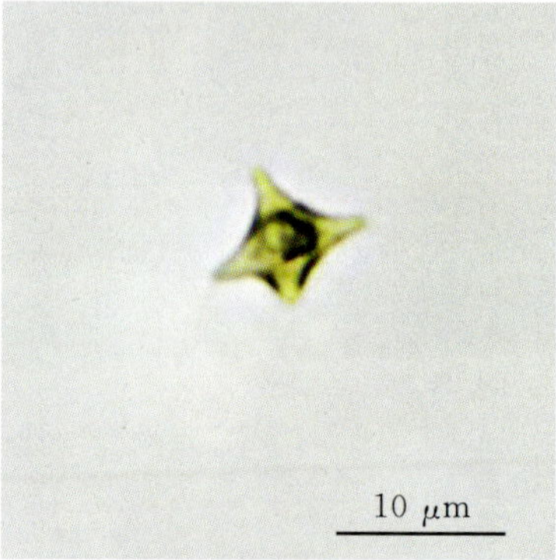

四角藻
Tetraedron sp.

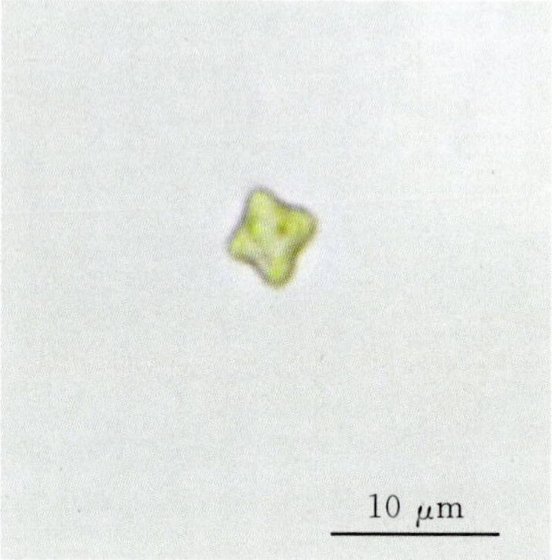

四角藻
Tetraedron sp.

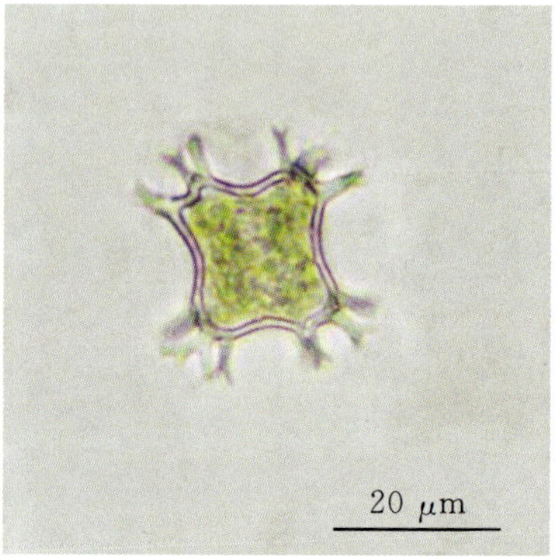

四角藻
Tetraedron sp.

图版Ⅶ-8

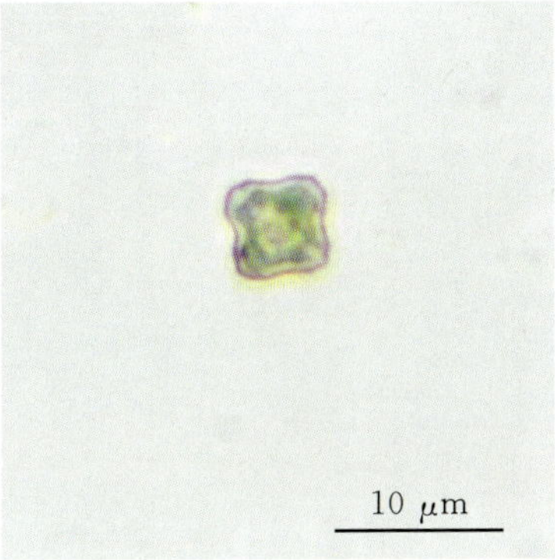

微小四角藻
Tetraedron minimum

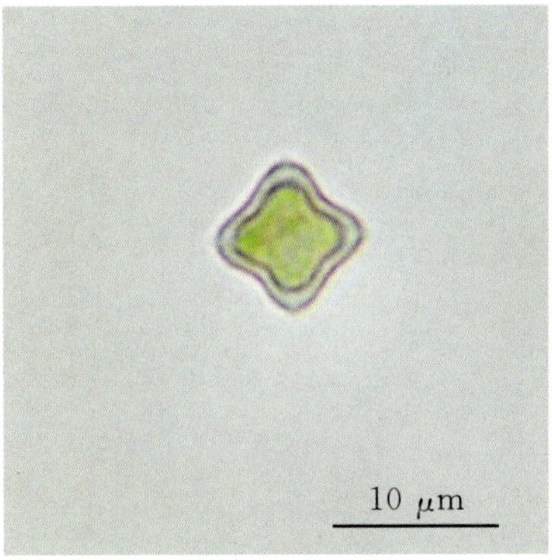

微小四角藻
Tetraedron minimum

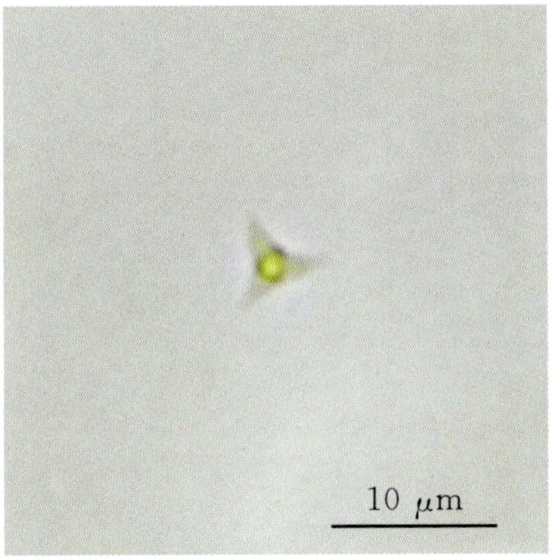

三角四角藻
Tetraedron trigonum

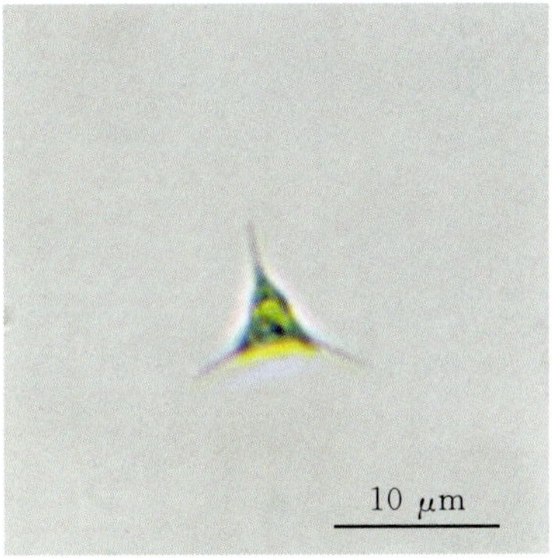

三角四角藻
Tetraedron trigonum

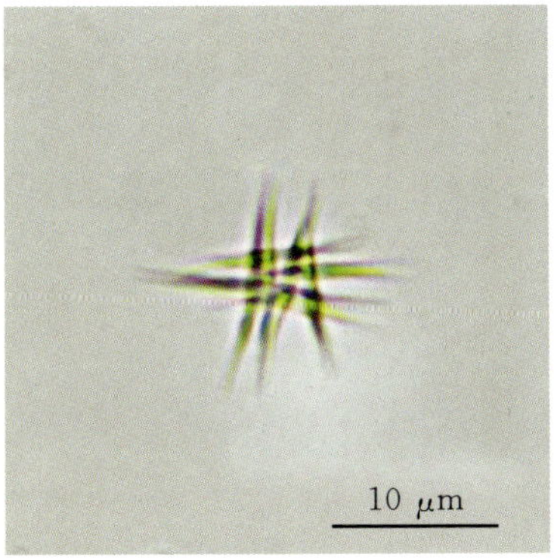

纤维藻
Ankistrodesmus sp.

蹄形藻
Kirchneriella sp.

图版Ⅶ-9

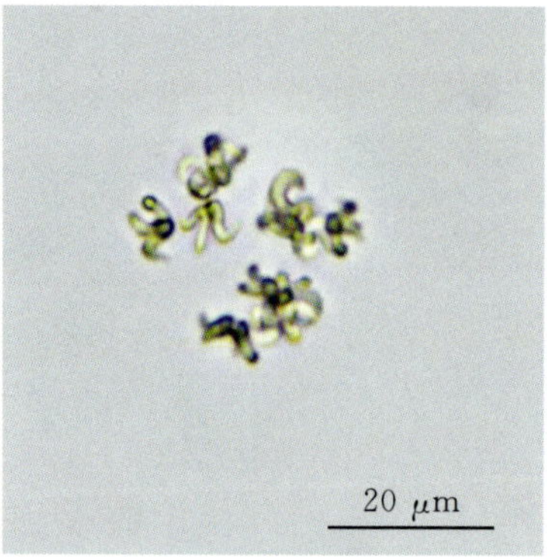

蹄形藻
Kirchneriella sp.

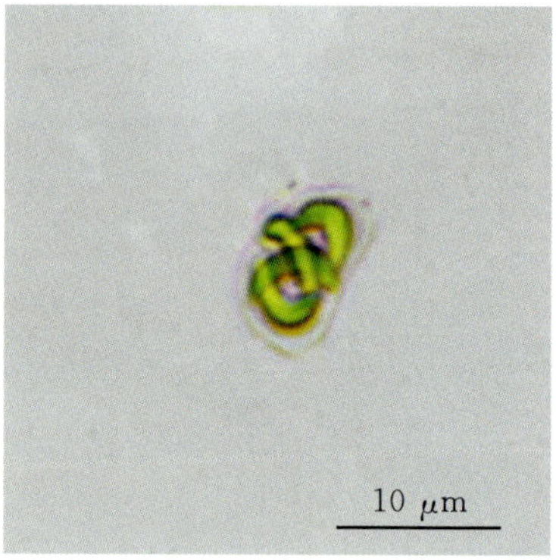

扭曲蹄形藻
Kirchneriella contorta

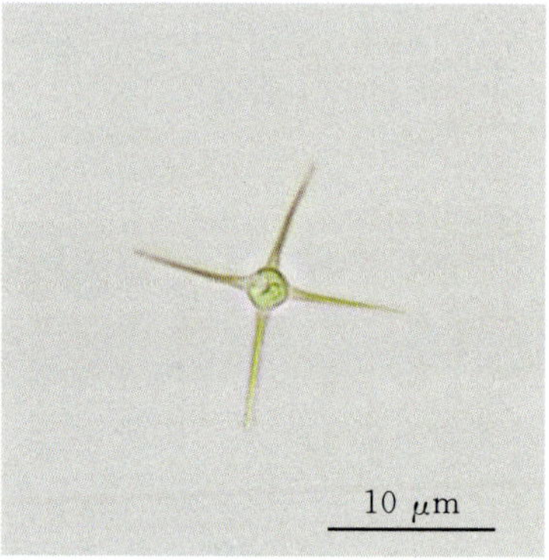

四棘藻
Treubaria sp.

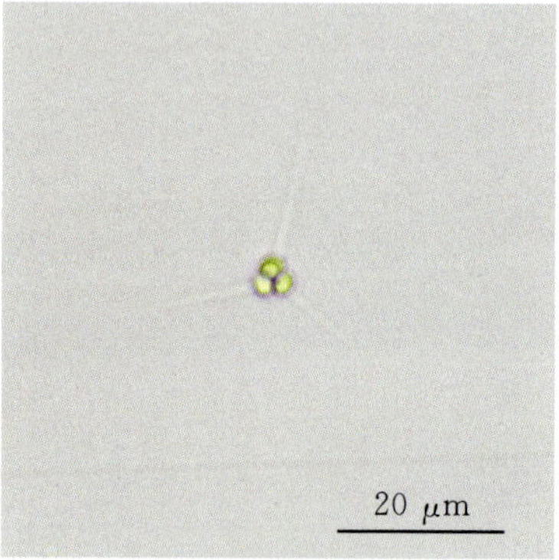

四棘藻
Treubaria sp.

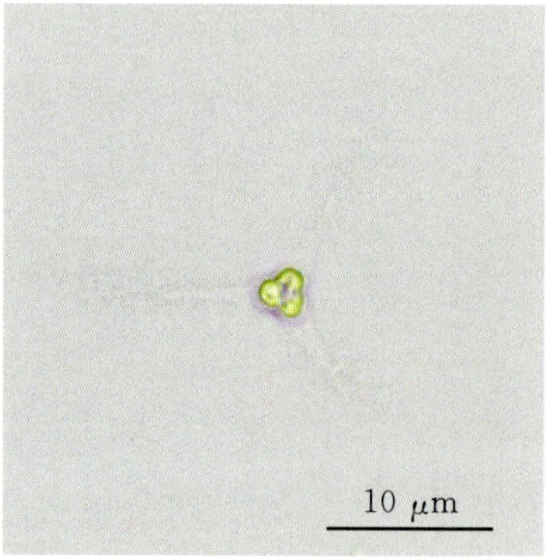

粗刺四棘藻
Treubaria crassispina

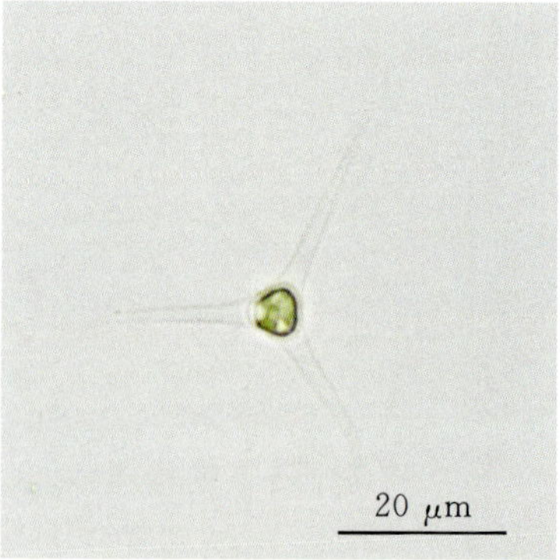

粗刺四棘藻
Treubaria crassispina

图版Ⅶ-10

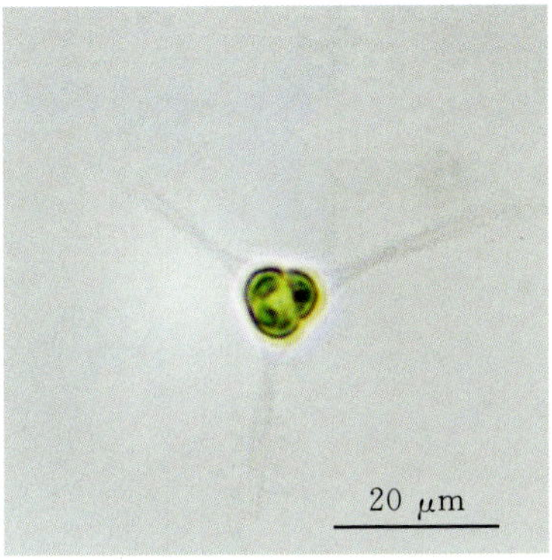

粗刺四棘藻
Treubaria crassispina

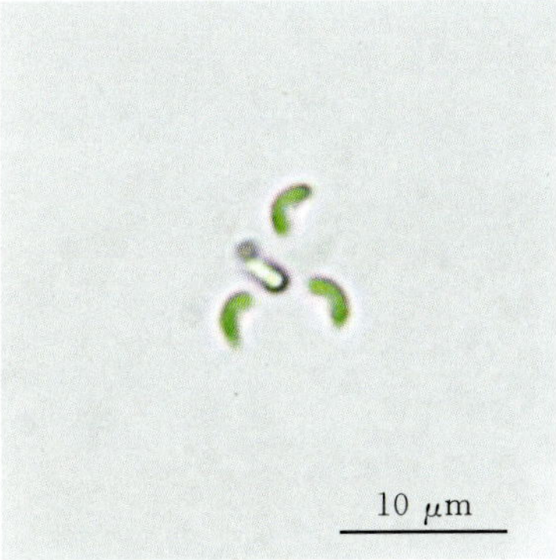

月牙藻
Selenastrum sp.

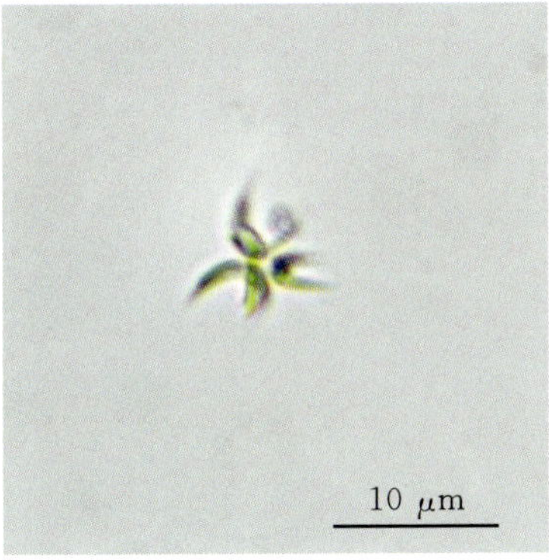

月牙藻
Selenastrum sp.

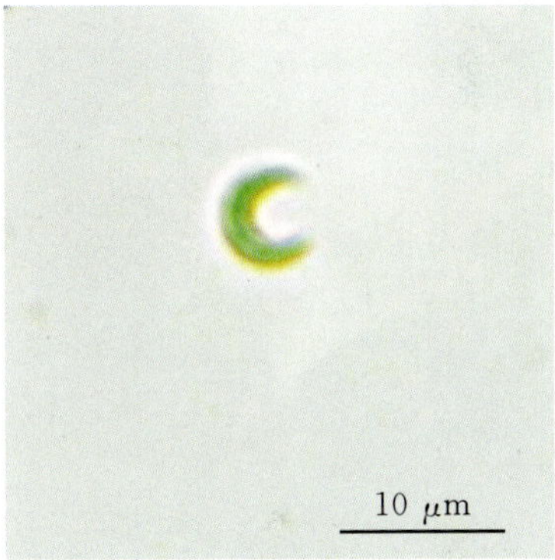

月牙藻
Selenastrum sp.

月牙藻
Selenastrum sp.

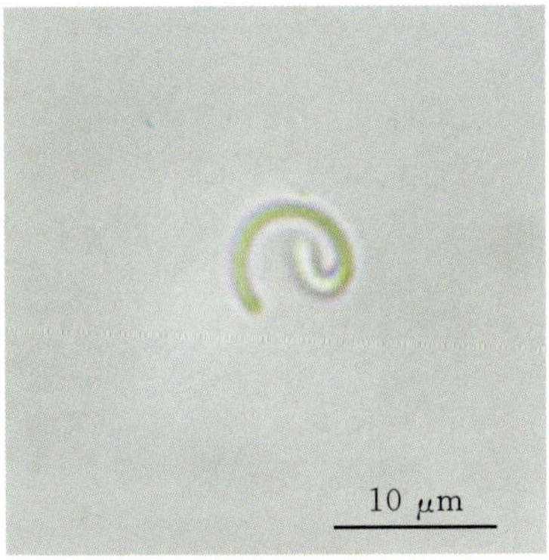

旋转单针藻
Monoraphidium contortum

图版Ⅶ-11

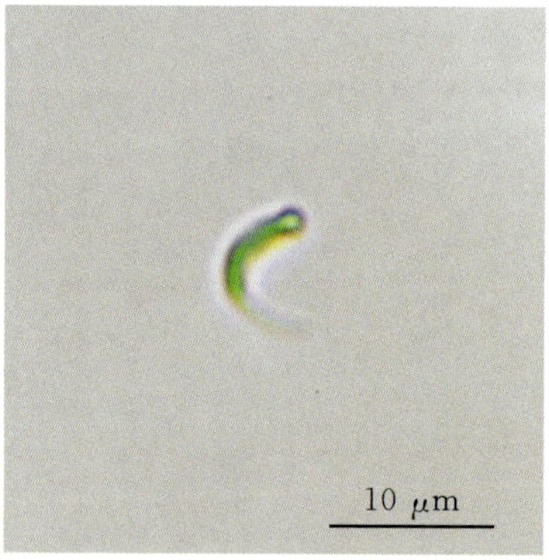

不规则单针藻

Monoraphidium irregulare

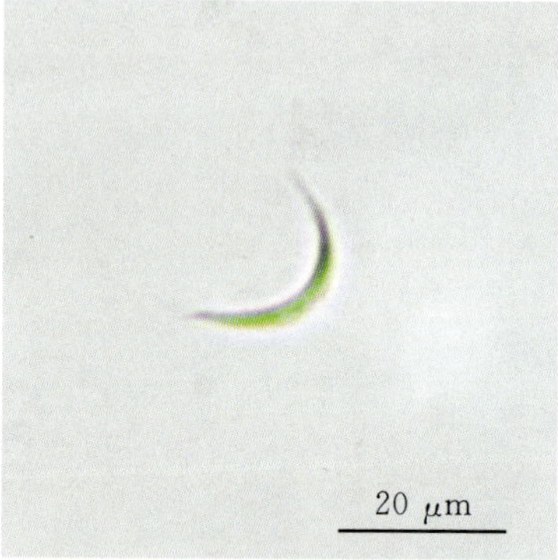

弓形单针藻

Monoraphidium arcuatum

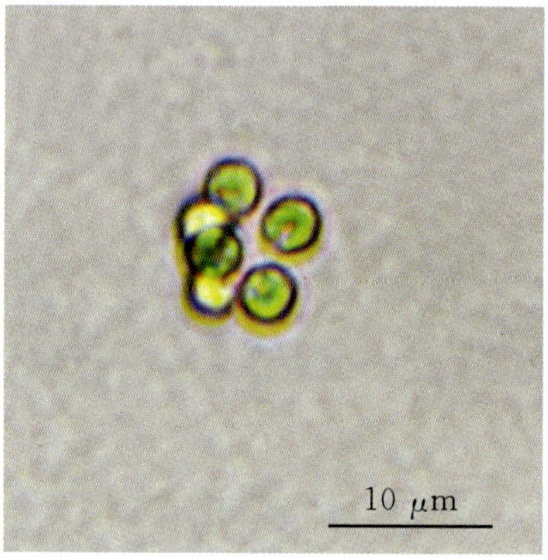

浮球藻

Planktosphaeria sp.

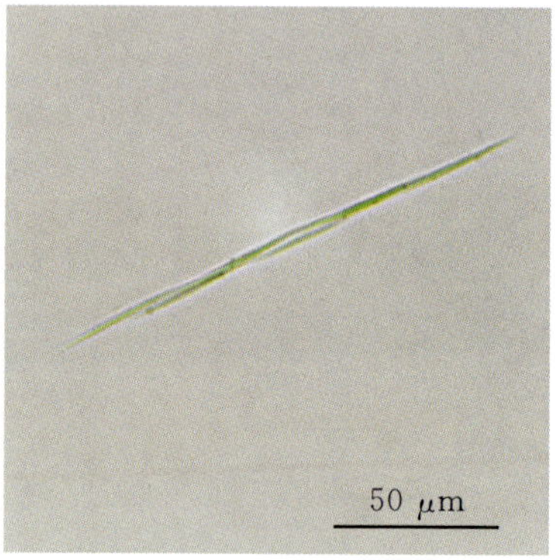

并联藻

Quadrigula sp.

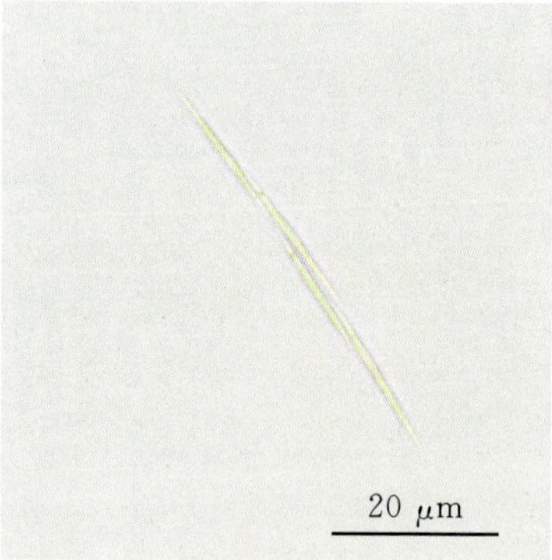

并联藻

Quadrigula sp.

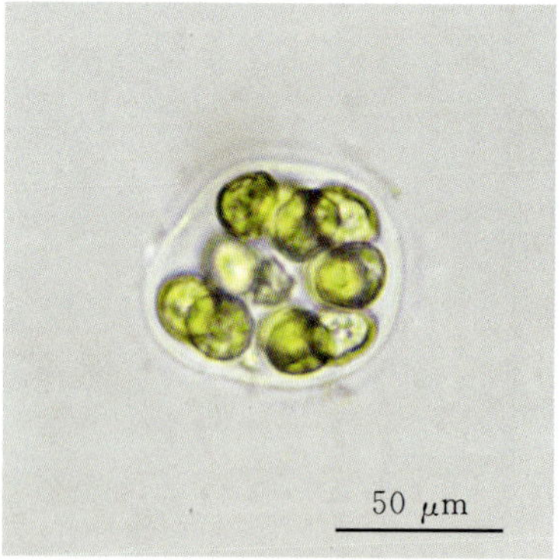

波吉卵囊藻

Oocystis borgei

图版Ⅶ-12

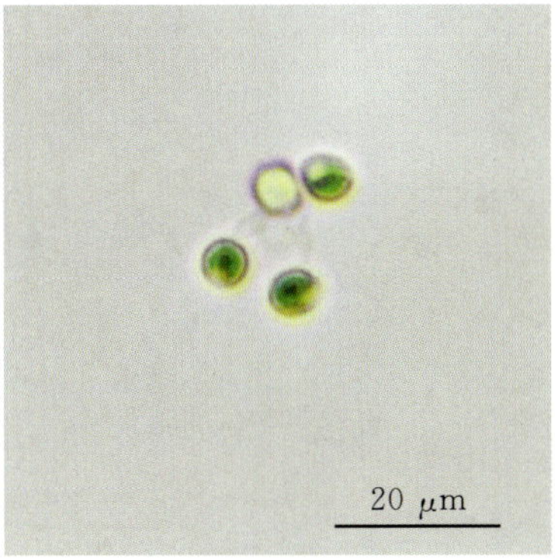

网球藻
Dictyosphaerium sp.

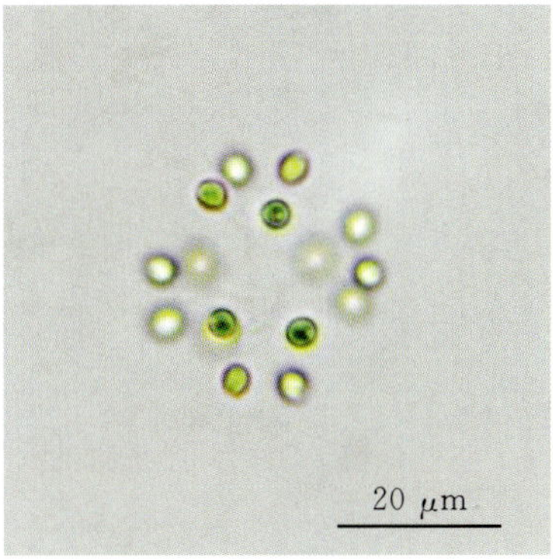

美丽网球藻
Dictyosphaerium pulchellum

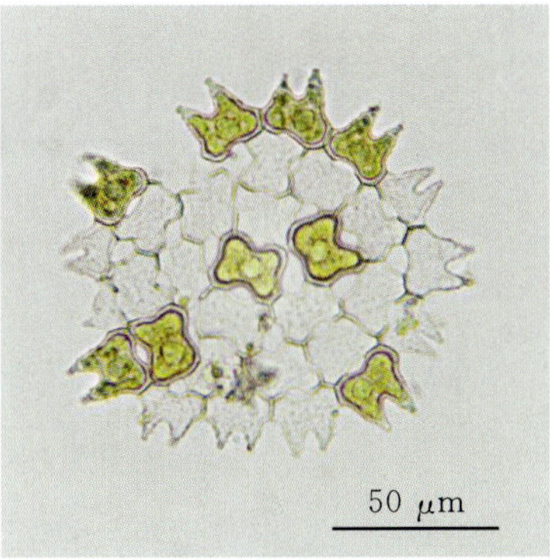

二角盘星藻
Pediastrum duplex

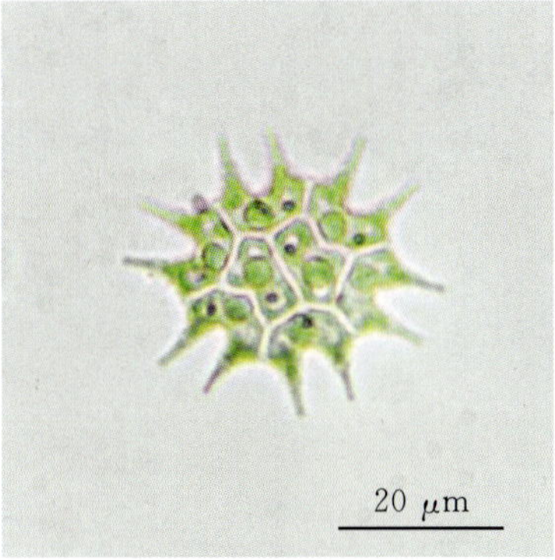

二角盘星藻
Pediastrum duplex

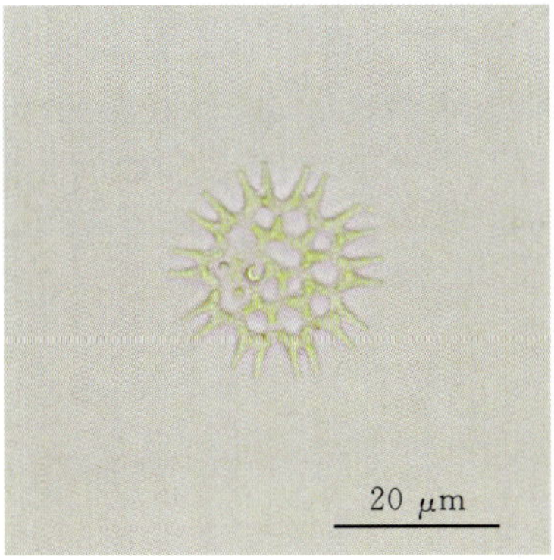

二角盘星藻
Pediastrum duplex

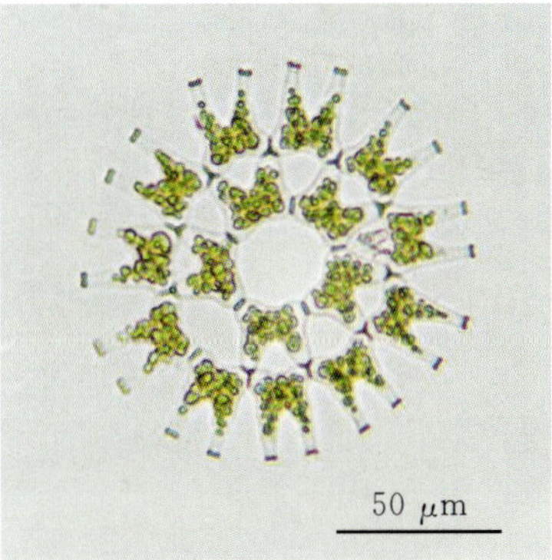

二角盘星藻纤细变种
Pediastrum duplex var. gracillimum

图版Ⅶ-13

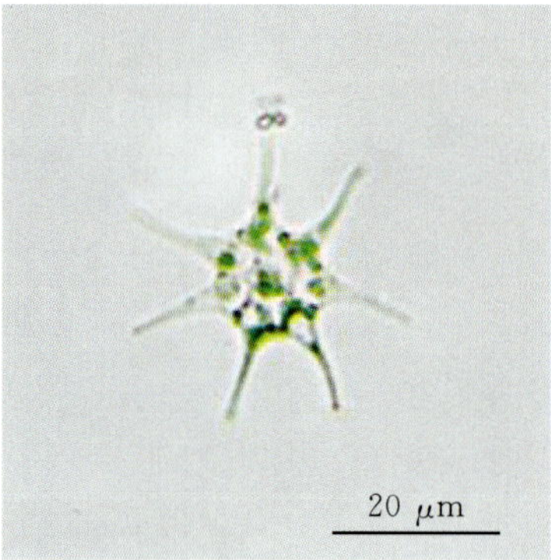

单角盘星藻
Pediastrum simplex

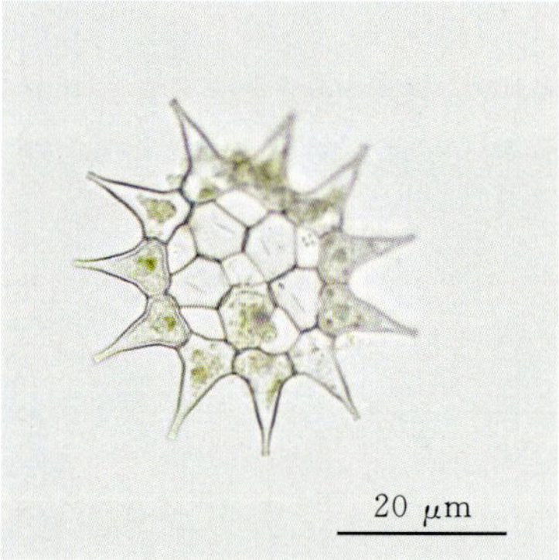

单角盘星藻
Pediastrum simplex

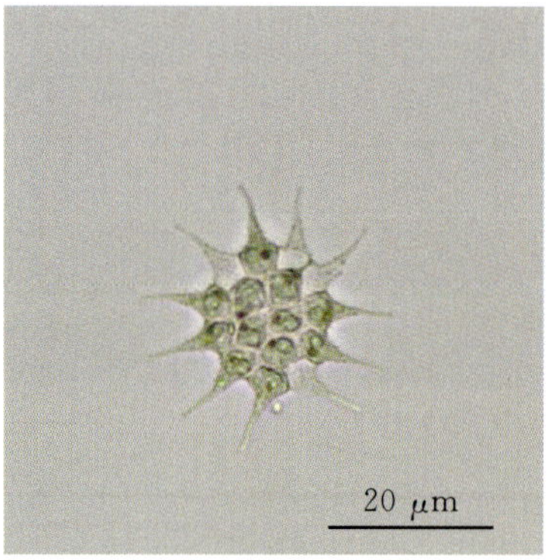

单角盘星藻
Pediastrum simplex

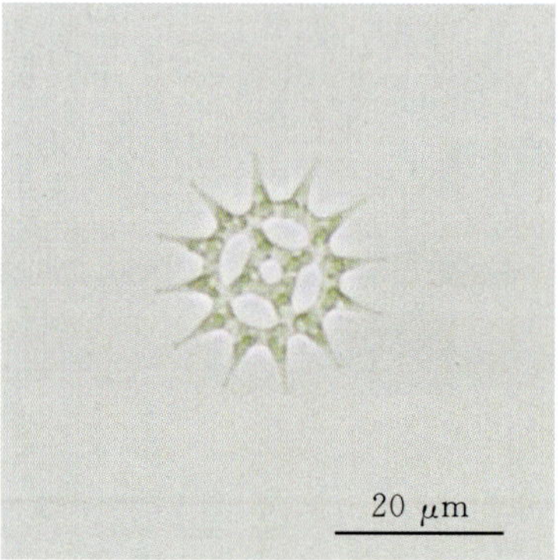

单角盘星藻具孔变种
Pediastrum simplex var. duodenarium

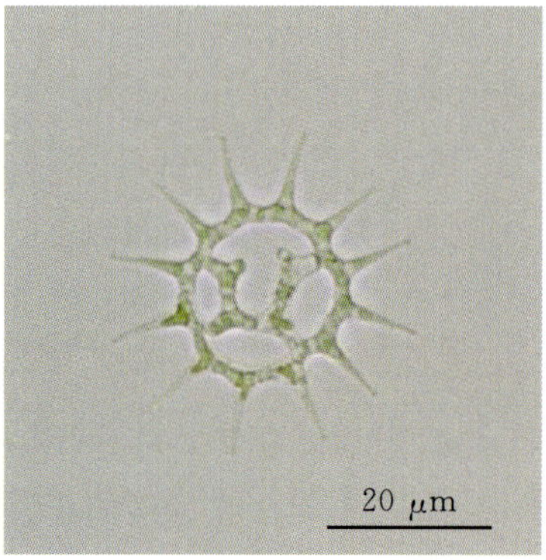

单角盘星藻具孔变种
Pediastrum simplex var. duodenarium

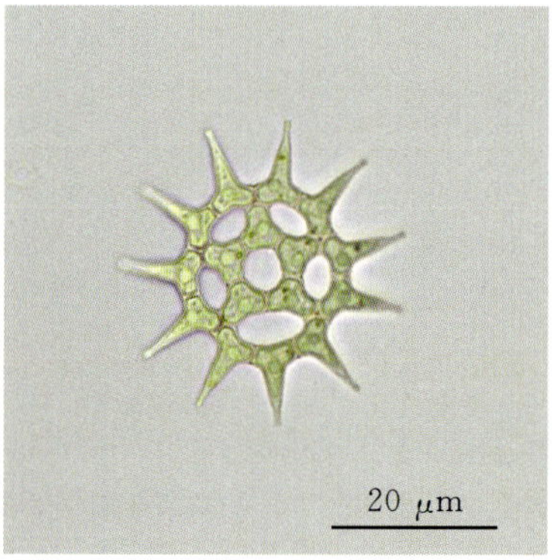

单角盘星藻具孔变种
Pediastrum simplex var. duodenarium

图版Ⅶ-14

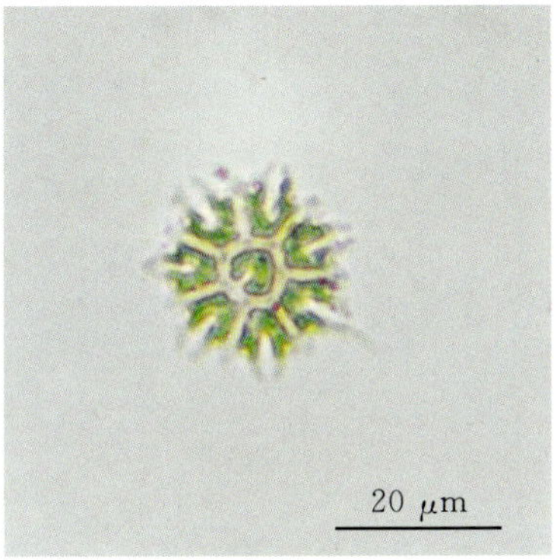

四角盘星藻
Pediastrum tetras

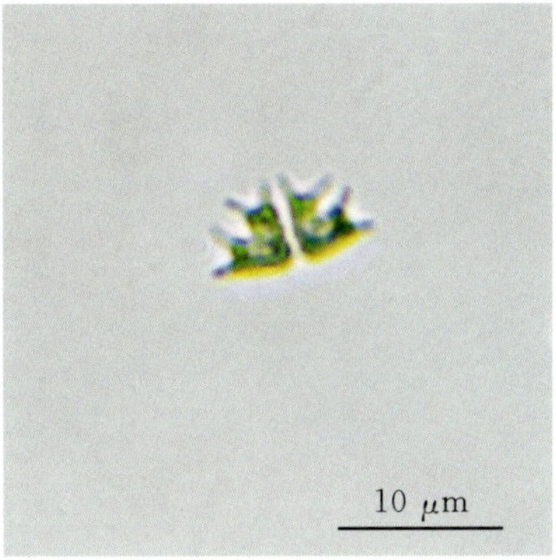

四角盘星藻
Pediastrum tetras

栅藻
Scenedesmus sp.

双尾栅藻
Scenedesmus bicaudatus

双尾栅藻
Scenedesmus bicaudatus

双尾栅藻
Scenedesmus bicaudatus

图版Ⅶ-15

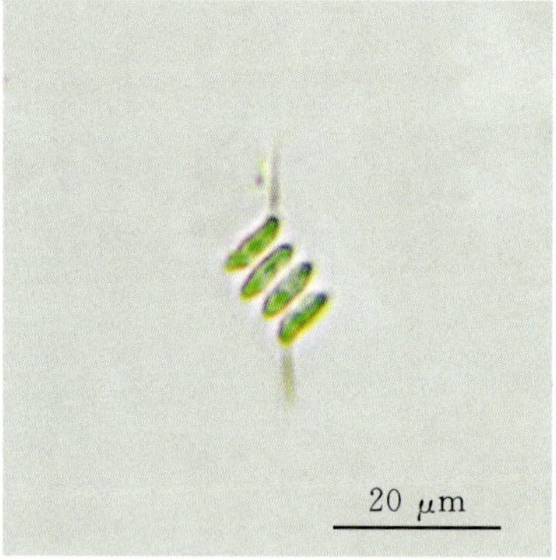

双尾栅藻
Scenedesmus bicaudatus

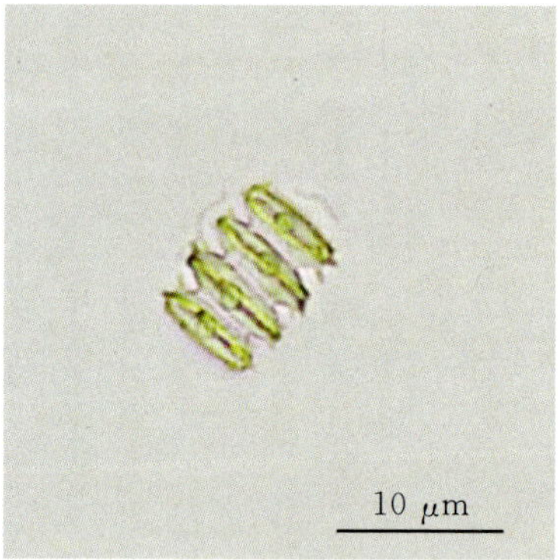

巴西栅藻
Scenedesmus brasiliensis

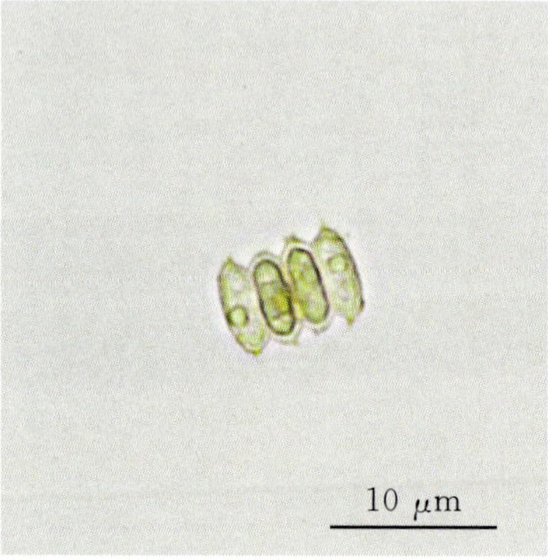

齿牙栅藻
Scenedesmus denticulatus

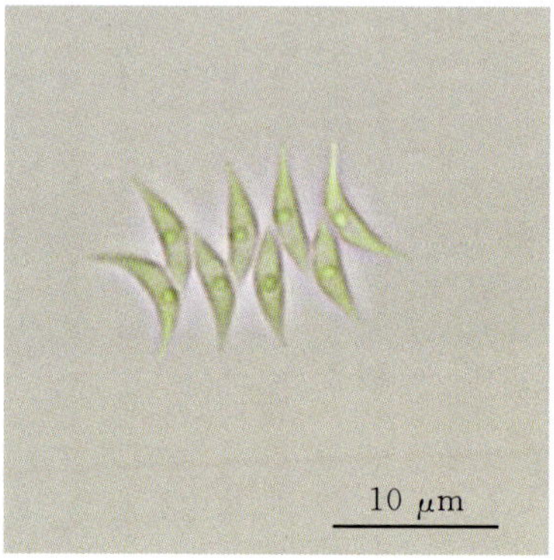

二形栅藻
Scenedesmus dimorphus

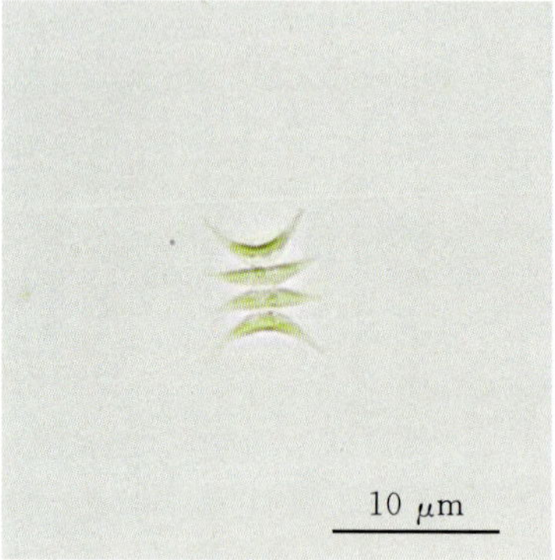

二形栅藻
Scenedesmus dimorphus

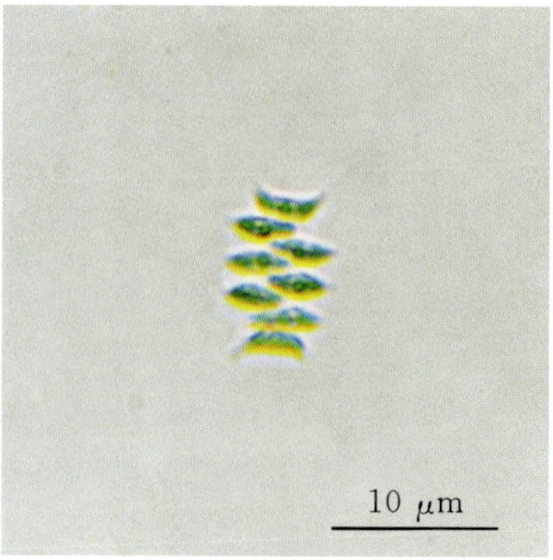

斜生栅藻
Scenedesmus obliquus

图版Ⅶ-16

四尾栅藻
Scenedesmus quadricauda

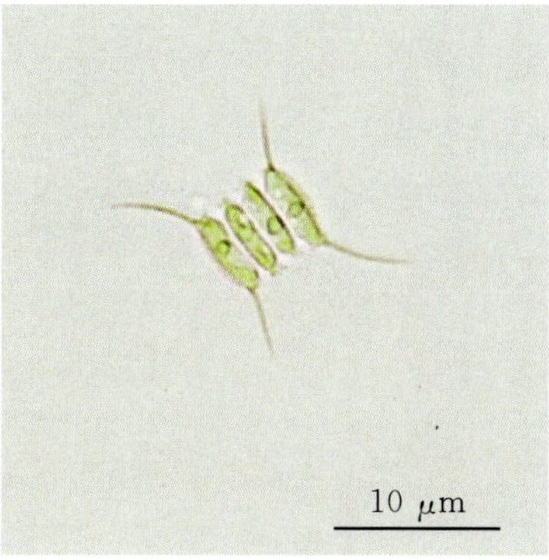

四尾栅藻
Scenedesmus quadricauda

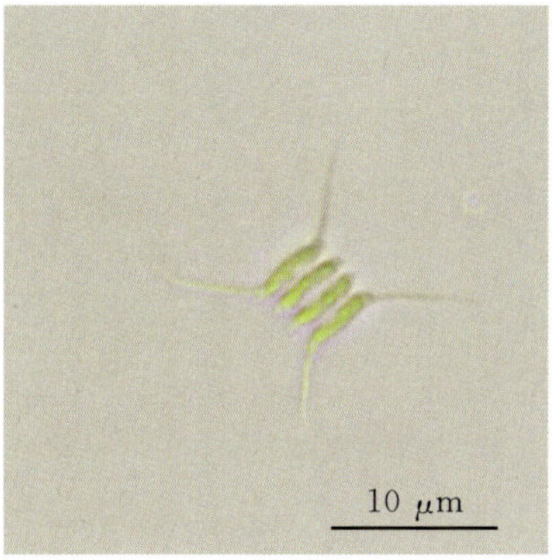

四尾栅藻
Scenedesmus quadricauda

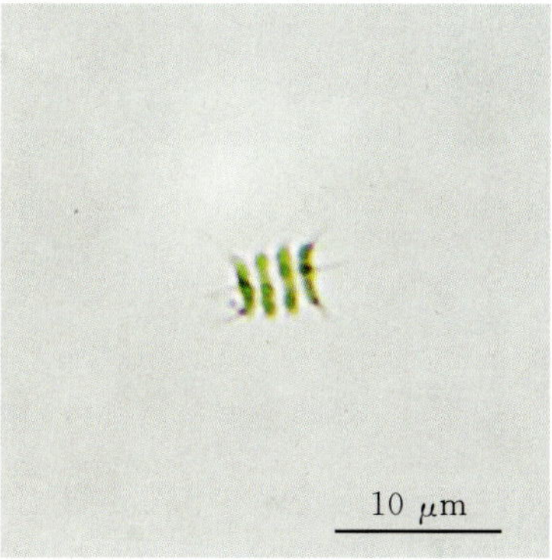

多棘栅藻
Scenedesmus spinosus

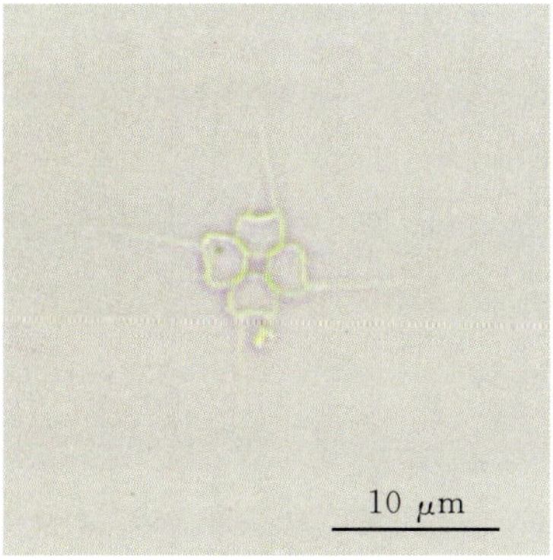

异刺四星藻
Tetrastrum heterocanthum

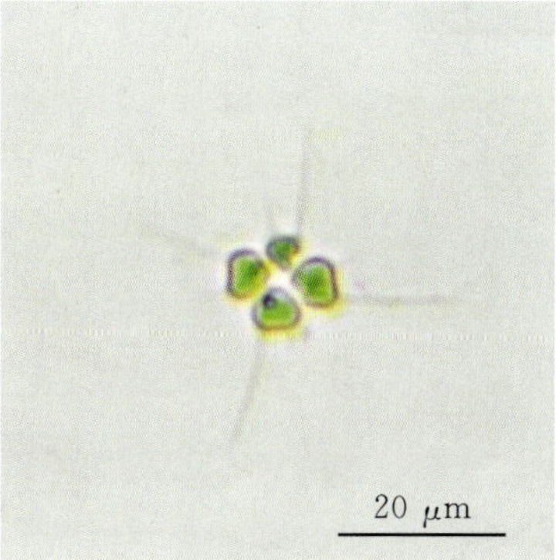

异刺四星藻
Tetrastrum heterocanthum

图版Ⅶ-17

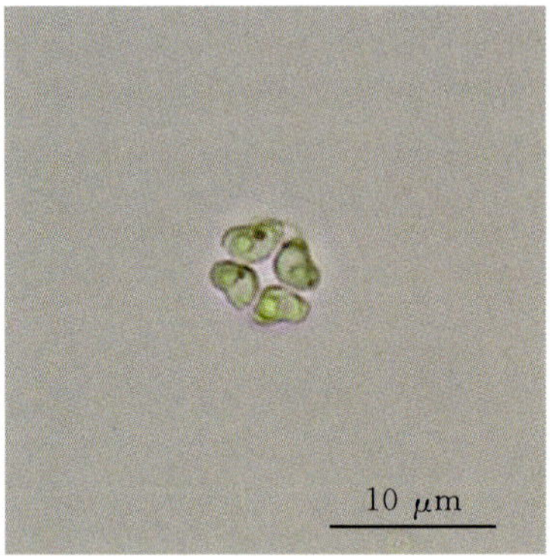

顶锥十字藻

Crucigenia apiculata

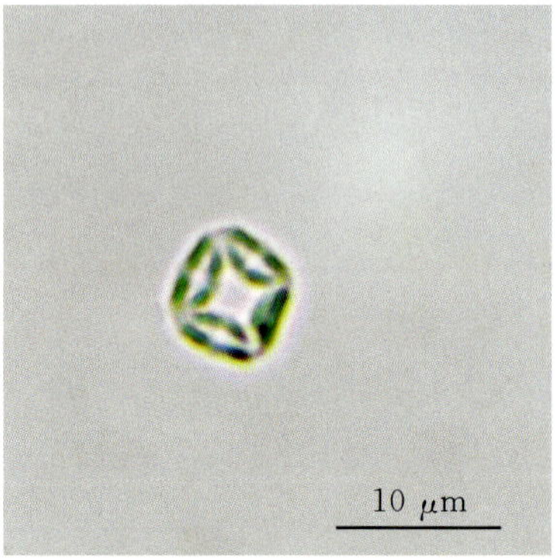

窗格十字藻

Crucigenia fenestrate

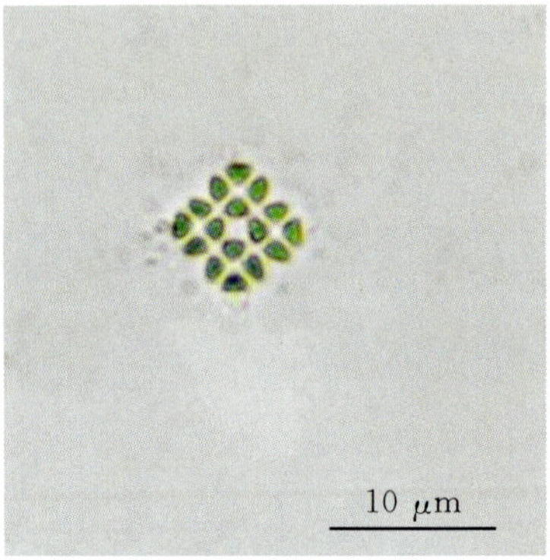

四角十字藻

Crucigenia quadrata

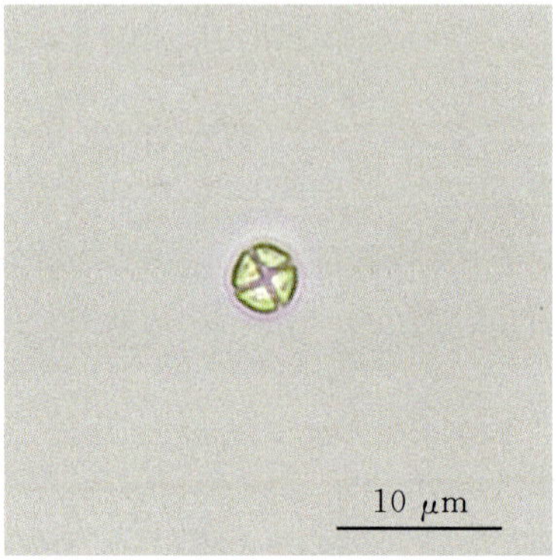

四角十字藻

Crucigenia quadrata

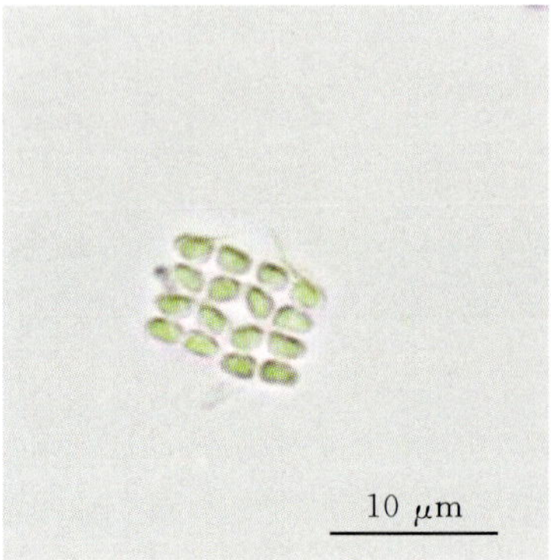

方形十字藻

Crucigenia rectangularis

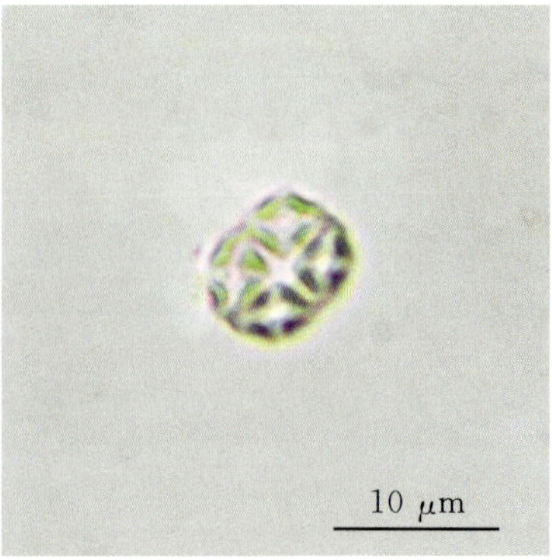

四足十字藻

Crucigenia tetrapedia

图版Ⅶ－18

集星藻
Actinastrum sp.

集星藻
Actinastrum sp.

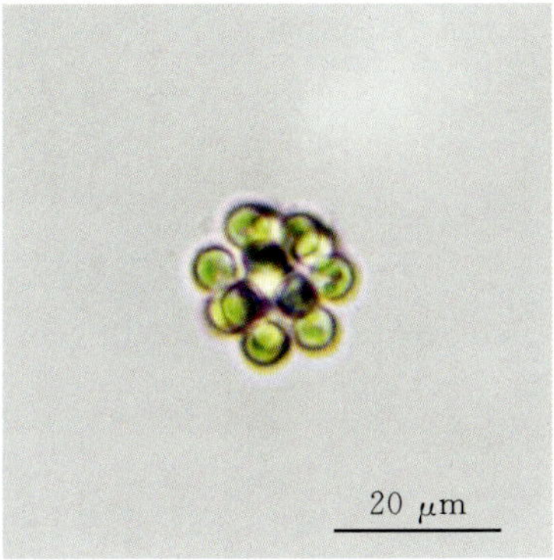

空星藻
Coelastrum sp.

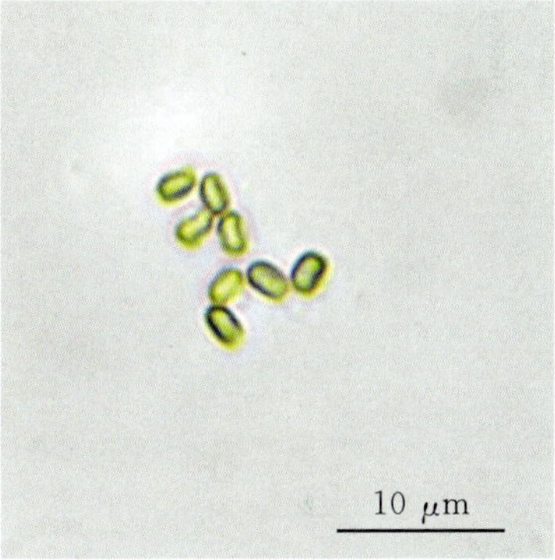

裂丝藻
Stichococcus sp.

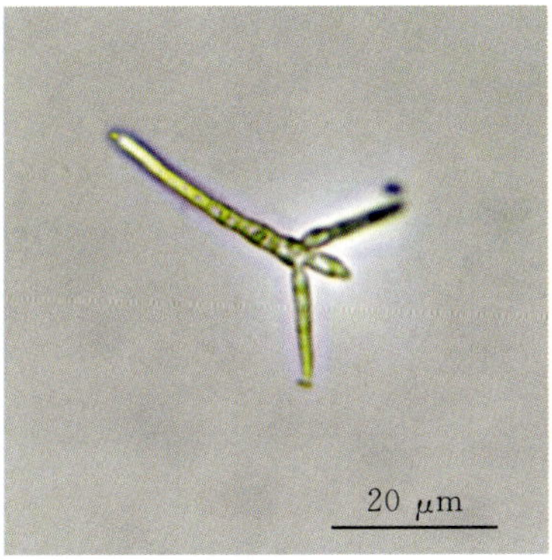

毛枝藻
Stigeoclonium sp.

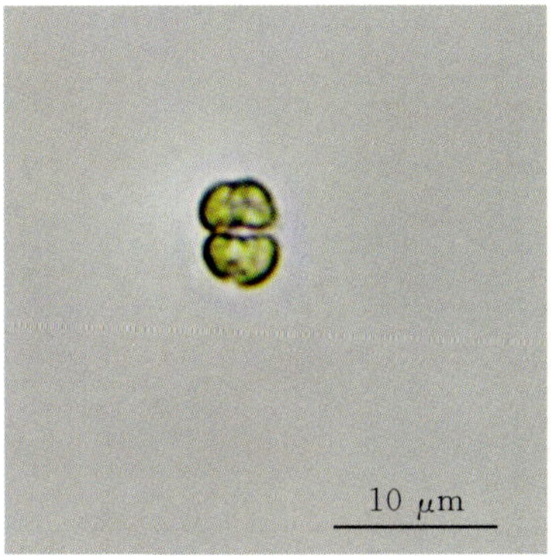

鼓藻
Cosmarium sp.

图版Ⅶ-19

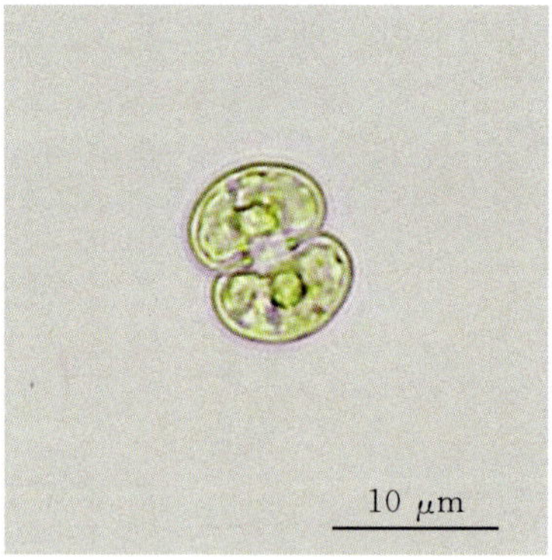

鼓藻

Cosmarium sp.

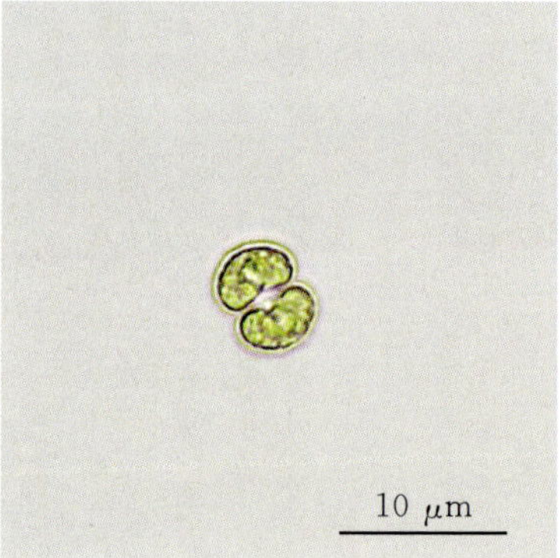

鼓藻

Cosmarium sp.

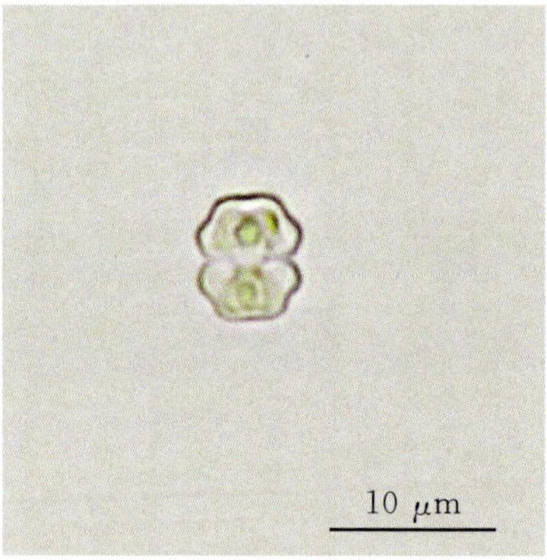

梅尼鼓藻

Cosmarium meneghinii

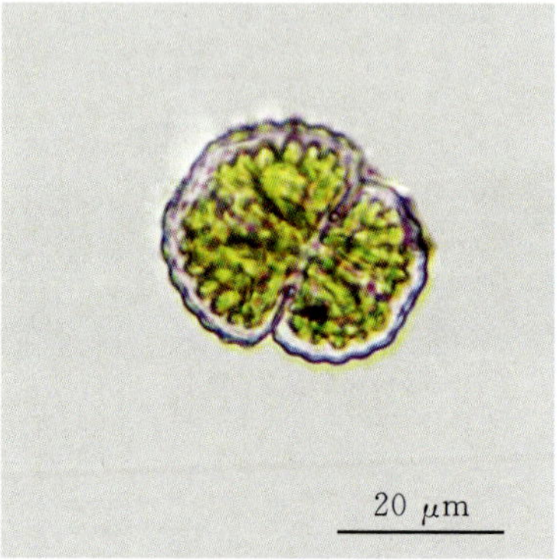

颤鼓藻

Cosmarium vexatum

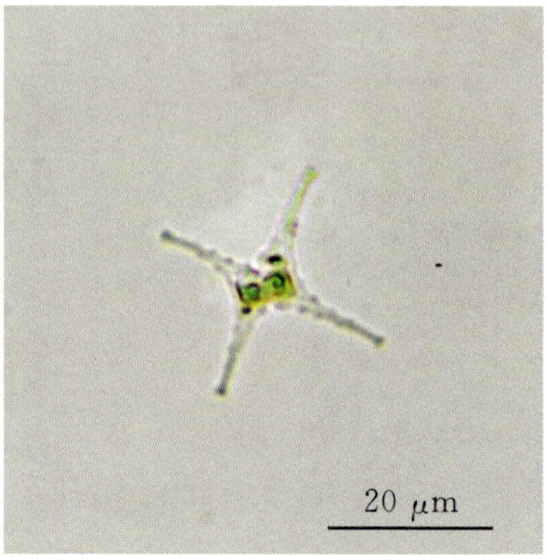

角星鼓藻

Staurastrum sp.

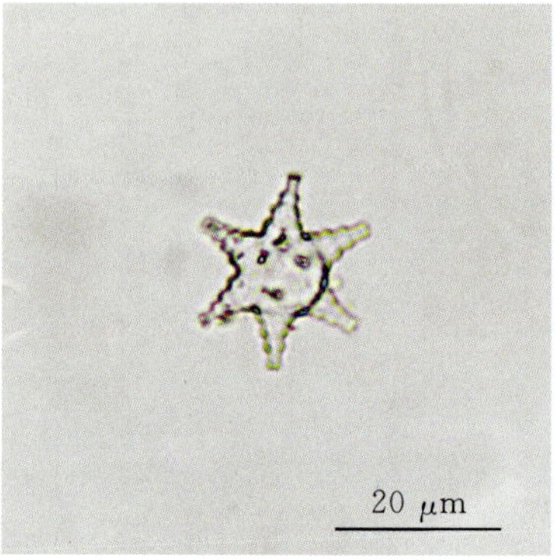

角星鼓藻

Staurastrum sp.

附录1　藻类中文名索引

（续表）

		中文名	拉丁名	页码	图版	页码
硅藻门	X	小环藻属	*Cyclotella*	68	图版Ⅲ-2、图版Ⅲ-3	108、109
		星杆藻属	*Asterionella*	69	图版Ⅲ-3	109
	Y	异极藻属	*Gomphonema*	75	图版Ⅲ-10	116
		羽纹藻属	*Pinnularia*	73	图版Ⅲ-8	114
	Z	针杆藻属	*Synedra*	70	图版Ⅲ-4、图版Ⅲ-5	110、111
		直链藻属	*Melosira*	66	图版Ⅲ-1、图版Ⅲ-2	107、108
		舟形藻属	*Navicula*	72	图版Ⅲ-7、图版Ⅲ-8	113、114
隐藻门	L	蓝隐藻属	*Chroomonas*	78	图版Ⅳ-1	120
	Y	隐藻属	*Cryptomonas*	79	图版Ⅳ-1	120
甲藻门	D	多甲藻属	*Peridinium*	82	图版Ⅴ-1	121
	J	角甲藻属	*Ceratium*	82	图版Ⅴ-1	121
	L	裸甲藻属	*Gymnodinium*	81	图版Ⅴ-1	121
裸藻门	B	扁裸藻属	*Phacus*	84	图版Ⅵ-2	123
	L	裸藻属	*Euglena*	83	图版Ⅵ-1	122
	N	囊裸藻属	*Trachelomonas*	84	图版Ⅵ-2	123
	T	陀螺藻属	*Strombomonas*	84	图版Ⅵ-2	123
绿藻门	B	并联藻属	*Quadrigula*	94	图版Ⅶ-11	134
	C	粗刺藻属	*Acanthosphaera*	90	图版Ⅶ-5、图版Ⅶ-6	128、129
	D	单针藻属	*Monoraphidium*	93	图版Ⅶ-10、图版Ⅶ-11	133、134
		顶棘藻属	*Chodatella*	90	图版Ⅶ-7	130
		多芒藻属	*Golenkinia*	89	图版Ⅶ-5	128
	F	纺锤藻属	*Elakatothrix*	88	图版Ⅶ-4	127
		浮球藻属	*Planktosphaeria*	93	图版Ⅶ-11	134
	G	鼓藻属	*Cosmarium*	100	图版Ⅶ-18、图版Ⅶ-19	141、142
		弓形藻属	*Schroederia*	90	图版Ⅶ-6	129
	J	角星鼓藻属	*Staurastrum*	101	图版Ⅶ-19	142
		集星藻属	*Actinastrum*	98	图版Ⅶ-18	141
	K	空球藻属	*Eudorina*	88	图版Ⅶ-3、图版Ⅶ-4	126、127
		空星藻属	*Coelastrum*	99	图版Ⅶ-18	141

（续表）

附录2 屯溪三江省级湿地公园浮游植物鉴定图谱分门检索名录

蓝藻门	蓝藻纲	色球藻目	聚球藻科	棒胶藻属	棒胶藻	*Rhabdogloea* sp.
			平裂藻科	隐球藻属	隐球藻	*Aphanocapsa* sp.
				平裂藻属	平裂藻	*Merismopedia* sp.
					旋折平裂藻	*Merismopedia convoluta*
			色球藻科	色球藻属	色球藻	*Chroococcus* sp.
		颤藻目	伪鱼腥藻科	伪鱼腥藻属	伪鱼腥藻	*Pseudoanabaena* sp.
			颤藻科	颤藻属	颤藻	*Oscillatoria* sp.
				螺旋藻属	大螺旋藻	*Spirulina major*
				节旋藻属	节旋藻	*Arthrospira* sp.
		念珠藻目	念珠藻科	长孢藻属	长孢藻	*Dolichospermum* sp.
金藻门	金藻纲	色金藻目	锥囊藻科	锥囊藻属	锥囊藻	*Dinobryon* sp.
				金杯藻属	金杯藻	*Kephyrion* sp.
	黄群藻纲	黄群藻目	鱼鳞藻科	鱼鳞藻属	鱼鳞藻	*Mallomonas* sp.
硅藻门	中心纲	圆筛藻目	圆筛藻科	直链藻属	直链藻	*Melosira* sp.
					颗粒直链藻	*Melosira granulate*
					颗粒直链藻极狭变种	*Melosira granulate* var. *angustissima*
					变异直链藻	*Melosira varians*
				小环藻属	小环藻	*Cyclotella* sp.
					梅尼小环藻	*Cyclotella meneghiniana*
		根管藻目	管形藻科	根管藻属	根管藻	*Rhizosolenia* sp.

（续表）

硅藻门	羽纹纲	无壳缝目	脆杆藻科	星杆藻属	华丽星杆藻	*Asterionella formosa*
				脆杆藻属	脆杆藻	*Fragilaria* sp.
				针杆藻属	针杆藻	*Synedra* sp.
					尖针杆藻	*Synedra acus*
					肘状针杆藻	*Synedra ulna*
		拟壳缝目	短缝藻科	短缝藻属	短缝藻	*Eunotia* sp.
		双壳缝目	舟形藻科	肋缝藻属	微绿肋缝藻	*Frustulia viridula*
					普通肋缝藻	*Frustulia vulgaris*
				布纹藻属	尖布纹藻	*Gyrosigma acuminatum*
					锉刀布纹藻	*Gyrosigma scalproides*
				舟形藻属	舟形藻	*Navicula* sp.
				羽纹藻属	羽纹藻	*Pinnularia* sp.
			桥弯藻科	双眉藻属	双眉藻	*Amphora* sp.
				桥弯藻属	桥弯藻	*Cymbella* sp.
					膨胀桥弯藻	*Cymbella tumida*
			异极藻科	异极藻属	异极藻	*Gomphonema* sp.
		单壳缝目	曲壳藻科	卵形藻属	卵形藻	*Cocconeis* sp.
					扁圆卵形藻	*Cocconeis placentula*
				曲壳藻属	曲壳藻	*Achnanthes* sp.
		管壳缝目	菱形藻科	菱形藻属	菱形藻	*Nitzschia* sp.
					谷皮菱形藻	*Nitzschia palea*
					类辐星状菱形藻	*Nitzschia actinastroides*
			双菱藻科	双菱藻属	双菱藻	*Surirella* sp.
					线形双菱藻	*Surirella linearis*
隐藻门	隐藻纲		隐鞭藻科	蓝隐藻属	尖尾蓝隐藻	*Chroomonas acuta*
				隐藻属	隐藻	*Cryptomonas* sp.
甲藻门	甲藻纲	多甲藻目	裸甲藻科	裸甲藻属	裸甲藻	*Gymnodinium aeruginosum*
			多甲藻科	多甲藻属	多甲藻	*Peridinium* sp.
			角甲藻科	角甲藻属	角甲藻	*Ceratium* sp.

（续表）

裸藻门	裸藻纲	裸藻目	裸藻科	裸藻属	裸藻	*Euglena* sp.
					梭形裸藻	*Euglena acus*
				囊裸藻属	囊裸藻	*Trachelomonas* sp.
				陀螺藻属	陀螺藻	*Strombomonas* sp.
				扁裸藻属	扁裸藻	*Phacus* sp.
绿藻门	绿藻纲	团藻目	衣藻科	衣藻属	衣藻	*Chlamydomonas* sp.
					球衣藻	*Chlamydomonas globosa*
				四鞭藻属	四鞭藻	*Carteria* sp.
			壳衣藻科	异形藻属	异形藻	*Dysmorphococcus* sp.
				翼膜藻属	翼膜藻	*Pteromonas* sp.
			团藻科	盘藻属	美丽盘藻	*Gonium formosum*
				实球藻属	实球藻	*Pandorina morum*
				空球藻属	空球藻	*Eudorina elegans*
		四孢藻目	胶球藻科	纺锤藻属	纺锤藻	*Elakatothrix gelatinosa*
		绿球藻目	绿球藻科	微芒藻属	微芒藻	*Golenkinia radiata*
					粗刺微芒藻	*Micractinium crassisetum*
				多芒藻属	多芒藻	*Golenkinia radiata*
				粗刺藻属	粗刺藻	*Acanthosphaera zachariasi*
			小桩藻科	弓形藻属	弓形藻	*Schroederia* setigera
					硬弓形藻	*Schroederia robusta*
			小球藻科	小球藻属	小球藻	*Chlorella* sp.
				顶棘藻属	顶棘藻	*Chodatella* sp.
				四角藻属	四角藻	*Tetraedron* sp.
					微小四角藻	*Tetraedron minimum*
					三角四角藻	*Tetraedron trigonum*
				纤维藻属	纤维藻	*Ankistrodesmus* sp.
				蹄形藻属	蹄形藻	*Kirchneriella* sp.
					扭曲蹄形藻	*Kirchneriellacontorta*
				四棘藻属	四棘藻	*Treubaria* sp.
					粗刺四棘藻	*Treubaria crassispina*
				月牙藻属	月牙藻	*Selenastrum bibraianum*

（续表）

绿藻门				单针藻属	旋转单针藻	*Monoraphidium contortum*
					不规则单针藻	*Monoraphidium irregulare*
					弓形单针藻	*Monoraphidium arcuatum*
			卵囊藻科	浮球藻属	浮球藻	*Planktosphaeria* sp.
				并联藻属	并联藻	*Quadrigula* sp.
				卵囊藻属	波吉卵囊藻	*Oocystis borgei*
			网球藻科	网球藻属	网球藻	*Dictyosphaerium* sp.
					美丽网球藻	*Dictyosphaerium pulchellum*
			盘星藻科	盘星藻属	二角盘星藻	*Pediastrum duplex*
					二角盘星藻纤细变种	*Pediastrum duplex* var. *gracillimum*
					单角盘星藻	*Pediastrum simplex*
					单角盘星藻具孔变种	*Pediastrum simplex* var. *duodenarium*
					四角盘星藻	*Pediastrum tetras*
			栅藻科	栅藻属	栅藻	*Scenedesmus* sp.
					双尾栅藻	*Scenedesmus bicaudatus*
					巴西栅藻	*Scenedesmus brasiliensis*
					齿牙栅藻	*Scenedesmus denticulatus*
					二形栅藻	*Scenedesmus dimorphus*
					斜生栅藻	*Scenedesmus obliquus*
					四尾栅藻	*Scenedesmus quadricauda*
					多棘栅藻	*Scenedesmus spinosus*
				四星藻属	异刺四星藻	*Tetrastrum heterocanthum*
				十字藻属	顶锥十字藻	*Crucigenia apiculata*
					窗格十字藻	*Crucigenia fenestrate*
					四角十字藻	*Crucigenia quadrata*
					方形十字藻	*Crucigenia rectangularis*
					四足十字藻	*Crucigenia tetrapedia*
				集星藻属	集星藻	*Actinastrum hantzschii*
				空星藻属	空星藻	*Coelastrum* sp.
		丝藻目	丝藻科	裂丝藻属	裂丝藻	*Stichococcus* sp.
		胶毛藻目	胶毛藻科	毛枝藻属	毛枝藻	*Stigeoclonium* sp.
	双星藻纲	鼓藻目	鼓藻科	鼓藻属	鼓藻	*Cosmarium* sp.
					梅尼鼓藻	*Cosmarium meneghinii*
					颤鼓藻	*Cosmarium vexatum*
				角星鼓藻属	角星鼓藻	*Staurastrum* sp.

附录3　中文名笔画索引

参考文献

[1] 毕列爵，胡征宇．中国淡水藻志．第八卷．绿藻门．绿球藻目(上)[M]．北京：科学出版社，2004.

[2] 蔡启铭．太湖环境生态研究[M]．北京：气象出版社，1998.

[3] 冯佳．汾河太原段浮游藻类群落结构及水质评价[M]．北京：海洋出版社，2011.

[4] 福建省环境监测中心站．福建省大中型水库常见淡水藻类图集[M]．北京：中国环境科学出版社，2012.

[5] 郭娜．河流生态系统健康指标体系与评价方法研究[D]．辽宁：沈阳大学，2017.

[6] 胡鸿钧．水华蓝藻生物学[M]．北京：科学出版社，2011.

[7] 胡鸿钧，魏印心．中国淡水藻类：系统、分类及生态[M]．北京：科学出版社，2006.

[8] 胡长玉，方建新，李伟，等．新安江(安徽段)及其支流丰水期浮游植物功能群[J]．生态学杂志，2019，38(4)：1013－1021.

[9] 胡忠军，莫丹玫，周小玉，等．千岛湖浮游植物群落结构时空分布及其与环境因子的关系[J]．水生态学杂志，2017，38(5)：46－54.

[10] 况琪军，马沛明，胡征宇，等．湖泊富营养化的藻类生物学评价与治理研究进展[J]．安全与环境学报，2005，5(2)：87－91.

[11] 兰佳，吴志旭，李俊，等．新安江水库浮游植物群落特征及影响因素分析[J]．中国环境监测，2014，30(2)：40－46.

[12] 李家英，齐雨藻．中国淡水藻志．第14卷，舟形藻科．1[M]．北京：科学出版社，2010.

[13] 李家英，齐雨藻．中国淡水藻志．第19卷，硅藻门．舟形藻科．2[M]．北京：科学出版社，2014.

[14] 李家英,齐雨藻.中国淡水藻志.第23卷,舟形藻科.3[M].北京:科学出版社,2018.

[15] 刘国祥,胡征宇.中国淡水藻志.第15卷,绿藻门.绿球藻目(下)、四胞藻目、叉管藻目、刚毛藻目[M].北京:科学出版社,2012.

[16] 刘园园.着生藻类和浮游藻类在三峡库区河流健康评价中的适宜性比较研究[D].重庆:西南大学,2018.

[17] 路娜,尹洪斌,邓建才,等.巢湖流域春季浮游植物群落结构特征及其与环境因子的关系[J].湖泊科学,2010,22(6):950-956.

[18] 齐雨藻.中国淡水藻志.第4卷,硅藻门.中心纲[M].北京:科学出版社,1995.

[19] 齐雨藻,李家英.中国淡水藻志.第10卷,硅藻门.羽纹纲(无壳缝目拟壳缝目)[M].北京:科学出版社,2004.

[20] 任辉,田恬,杨宇峰,等.珠江口南沙河涌浮游植物群落结构时空变化及其与环境因子的关系[J].生态学报,2017,37(22):7729-7740.

[21] 施之新.中国淡水藻志.第6卷,裸藻门[M].北京:科学出版社,1999.

[22] 施之新.中国淡水藻志.第12卷,硅藻门.异极藻科[M].北京:科学出版社,2004.

[23] 施之新.中国淡水藻志.第16卷,硅藻门.桥弯藻科[M].北京:科学出版社,2013.

[24] 孙文秀,武道吉,裴海燕,等.山东某新建水库浮游藻类的群落结构特征及其环境驱动因子[J].湖泊科学,2019,31(3):734-745.

[25] 王业耀.中国流域常见水生生物图集[M].北京:科学出版社,2020.

[26] 王业耀,滕恩江,刘廷良.流域水生态环境质量监测与评价技术指南[M].北京:中国环境出版社,2017.

[27] 魏印心.中国淡水藻志.第21卷,金藻门.2[M].北京:科学出版社,2003.

[28] 魏印心.中国淡水藻志.第17卷,绿藻门.2,辐射鼓藻属、鼓藻属、胶球鼓藻属[M].北京:科学出版社,2013.

[29] 魏印心.中国淡水藻志.第18卷,绿藻门.鼓藻目.第3册,鼓藻科[M].北京:科学出版社,2014.

[30] 吴芳仪,王兰,徐梅,等.升金湖浮游植物群落动态及其影响因子研究[J].生物学杂志,2016,33(5):34-39.

[31] 吴志旭，刘明亮，兰佳，等．新安江水库（千岛湖）湖泊区夏季热分层期间垂向理化及浮游植物特征[J]. 湖泊科学，2012，24(3)：460－465.

[32] 杨持．生态学概论[M]. 北京：高等教育出版社，2013.

[33] 杨丽丽．千岛湖浮游动物群落结构特征及其与环境因子的关系[D]. 上海：上海海洋大学，2012.

[34] 张国庆，杨雨玲，唐爱国，等．新安江流域（屯溪段）浮游植物群落结构及其与环境因子的关系[J]. 生态学杂志，2020，39(2)：527－540.

[35] 张慧冲，方建新．花山谜窟景区洞窟水体藻类植物调查研究[J]. 黄山学院学报，2009，11(3)：70－72.

[36] 张慧冲，方建新，涂友琴．新安江屯溪水力自控翻板坝蓄水期浮游植物的变化研究[J]. 生物学杂志，2010，27(4)：65－67.

[37] 张远，江源．中国重点流域水生态系统健康评价[M]. 北京：科学出版社，2019.

[38] 周宇建，张永勇，花瑞祥，等．淮河中上游浮游植物时空分布特征及关键环境影响因子识别[J]. 地理研究，2016，35(9)：1626－1636.

[39] 朱浩然．中国淡水藻志．第 2 卷，色球藻纲[M]. 北京：科学出版社，1991.

[40] 朱浩然．中国淡水藻志．第 9 卷，蓝藻门．藻殖段纲[M]. 北京：科学出版社，2007.

[41] 朱蕙忠，陈嘉佑．中国西藏硅藻[M]. 北京：科学出版社，2000.

[42] Angeler D G, Allen C R, Birgé H E, et al. Assessing and managing freshwater ecosystems vulnerable to environmental change[J]. Ambio, 2014, 43(1): 113－125.

[43] B·福迪(捷). 藻类学[M]. 罗迪安，译．上海：上海科学技术出版社，1980.

[44] Bellinger E G, Sigee D C. Freshwater algae: identification and use as bioindicators[M]. Oxford: John Wiley & Sons, 2015.

[45] Cupertino A, Gücker B, Von Rückert G, et al. Phytoplankton assemblage composition as an environmental indicator in routine lentic monitoring: taxonomic versus functional groups[J]. Ecological Indicators, 2019, 101(1): 522－532.

[46] Ejsmont－Karabin J. The usefulness of zooplankton as lake ecosystem indicators: rotifer trophic state index[J]. Polish Journal of Ecology, 2012, 60(2):

339 – 350.

[47] El – Kassas H Y, Gharib S M. Phytoplankton abundance and structure as indicator of water quality in the drainage system of the Burullus Lagoon, southern Mediterranean coast, Egypt [J]. Environmental Monitoring and Assessment, 2016, 188(9): 530.

[48] Field C B. Primary production of the biosphere: integrating terrestrial and oceanic components[J]. Science, 1998, 281(5374): 237 – 240.

[49] Graham L, Wilcox L. Algae [M]. Upper Saddle River, New Jersey: Prentice Hall, 2000.

[50] Guiry M. How many species of algae are there? [J]. Journal of Phycology, 2012, 48(5): 1057 – 1063.

[51] Hill B, Herlihy A, Kaufmann P, et al. Use of periphyton assemblage data as an index of biotic integrity [J]. Journal of the North American Benthological Society, 2000, 19(1): 50 – 67.

[52] Hoek C V D, Mann D G V D, Jahns H M. Algae: an introduction to phycology [J]. Journal of the North American Benthological Society, 1995, 16 (3): 263.

[53] Lacouture R V, Johnson J M, Buchanan C, et al. Phytoplankton index of biotic Integrity for Chesapeake Bay and its tidal tributaries [J]. Estuaries & Coasts, 2006, 29(4): 598 – 616.

[54] Lee R E. Phycology[M]. 5 ed. Cambridge, UK: Cambridge University Press, 2018.

[55] Margalef D R. Information theory in ecology[J]. International Journal of General Systems, 1958, 3: 36 – 71.

[56] Montagud D, Soria J M, Soria – Perpiñá X, et al. A comparative study of four indexes based on zooplankton as trophic state indicators in reservoirs[J]. Limnetica, 2019, 38(1): 291 – 302.

[57] Mooij W M, Hülsmann S, De Senerpont Domis L N, et al. The impact of climate change on lakes in the Netherlands: a review[J]. Aquatic Ecology, 2005, 39(4): 381 – 400.

[58] Padisák J, Crossetti L O, Naselli – Flores L. Use and misuse in the application of the phytoplankton functional classification: a critical review with

updates[J]. Hydrobiologia,2009,621(1):1－19.

[59] Pielou E C. The measurement of diversity in different types of biological collections[J]. Journal of Theoretical Biology,1966,13:131－144.

[60] Porra R J. The chequered history of the development and use of simultaneous equations for the accurate determination of chlorophylls a and b[J]. Photosynthesis Research,2002,73(1):149－156.

[61] Reynolds C S, Huszar V, Kruk C, et al. Towards a functional classification of the freshwater phytoplankton[J]. Journal of Plankton Research, 2002,24(5):417－428.

[62] Rodrigues L C, Simões N R, Bovo－Scomparin V M, et al. Phytoplankton alpha diversity as an indicator of environmental changes in a neotropical floodplain [J]. Ecological Indicators,2015,48:334－341.

[63] Shannon C E, Weaver W. The mathematical theory of communication [M]. Urbana,IL:University of Illinois Press,1963.

[64] Simpson E H. Measurement of Diversity[J]. Nature,1949,163:688.

[65] Wu N, Schmalz B, Fohrer N. Development and testing of a phytoplankton index of biotic integrity (P－I BI) for a German lowland river[J]. Ecological Indicators,2012,13(1):158－167.